自尊的觉醒

［德］马克·列克劳◎著　　张瑜◎译

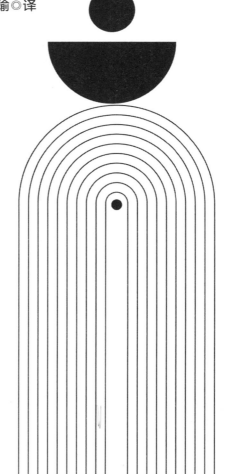

中国友谊出版公司

图书在版编目（CIP）数据

自尊的觉醒 /（德）马克·列克劳著；张瑜译 . ——
北京：中国友谊出版公司，2022.5

ISBN 978-7-5057-5458-4

Ⅰ . ①自… Ⅱ . ①马… ②张… Ⅲ . ①自尊－通俗读
物 Ⅳ . ① B842.6-49

中国版本图书馆 CIP 数据核字 (2022) 第 062855 号

著作权合同登记号　图字：01-2022-0964

Love Yourself First！：Boost your self-esteem in 30 Days
Copyright © Marc Reklau, 2018
All rights reserved
Simplified Chinese rights arranged through CA-LINK International LLC (www.ca-link.com)

书名	自尊的觉醒
作者	[德] 马克·列克劳
译者	张　瑜
出版	中国友谊出版公司
发行	中国友谊出版公司
经销	新华书店
印刷	河北鹏润印刷有限公司
规格	880×1230 毫米　32 开
	6.5 印张　128 千字
版次	2022 年 5 月第 1 版
印次	2022 年 5 月第 1 次印刷
书号	ISBN 978-7-5057-5458-4
定价	46.80 元
地址	北京市朝阳区西坝河南里 17 号楼
邮编	100028
电话	(010) 64678009

"在一个随时都想把你变成其他模样的世界里，坚持做自己是最伟大的成就。"

拉尔夫·沃尔多·爱默生

序　言

我们来谈一个非常重要的话题：自尊。

自尊影响着我们生活的方方面面：我们与他人的关系、我们的自信程度、在职业上所获得的成就、幸福感、我们内心的平静程度以及希望在未来取得的成就。同时，自尊也是大多数心理障碍的潜在原因——不仅是个人层面，也是社会层面。

多年来，我看到很多人只做了一点调整就实现了质的飞跃、达成了重要的目标，他们做的就是：提升自尊。

低自尊的人在选择合作伙伴、项目或工作时，很有可能做出错误的决定。他们缺乏动力，表现也平平，不太可能实现目标。即使达到目标或取得成功，他们也无法享受其中的成就感。他们总是在寻求他人的认可，过多地听取别人的意见，总感觉自己是外部环境的受害者。他们对自己太过苛刻，不能正确对待他人的批评。这种低自尊会导致焦虑、抑郁和包括失眠在内的多种身心失调的症状。

当然，这只是普遍现象，低自尊的人通常都会有这些特征。但每个人都是独一无二的，所表现出的特征也各有不同。

相反，高自尊的人的内心是自信的。他们允许自己犯错，不会因此感到内疚；他们一直在寻找新的学习方法和发展机遇；即使面对批评，他们也觉得自己是有价值的，对自己和他人都抱有积极的态度；他们敢于承认自己的错误、缺点和脆弱，而不会感到不舒服；他们能够真正地活在当下。基本上，拥有健康的自尊意味着对自己感到满意，相信自己值得拥抱生活赐予的美好。

虽然我们明白，过高或过低的自尊心会产生截然不同的影响，但却不知道怎么才能提升自尊以及如何培养健康的自尊。

只可惜，当我们环顾四周时才意识到时，想要提升自尊，还有太多的事情要做。因为可能在童年和青年时期，我们就已经在潜意识中根植了限制性信念。有趣的是，我们因为自己的低自尊而去责怪父母、老师或其他人，但这种做法并不能让我们真正地提升自尊。

我们必须对自己负责，并意识到无论过去发生了什么，我们都有能力改写自己的人生，培养健康的自尊。最好的办法就是：

我们只需调整对自己、对生活、对能力以及内在价值的限制性信念，就能改变对自己的看法。这本书会帮助你摆脱这些不好的信念，比如"我是个无助的受害者，我没有力量掌控生活中发生的一切""我不够好""我不值得拥有美好""我们每个人内心深处都有黑暗的一面"等。

只要你付出努力和时间来培养自尊，就会收获巨大的回报：

你会变得更加自信，拥有良好的社交圈子，你的工作关系会得以改善，你会平静地对待生活……他人的批评将不再使你感到困扰。你可以自由地表达自己的想法、感受、观点和价值观念，因为你的自我价值不再来自他人的肯定。你能更好地应对困难、焦虑、抑郁和各种无法避免的困境。你会体验到生活中所有可能的快乐，享受幸福人生。

听起来还不错吧？

阅读指南

读第一遍时，你可以先读完整本书，熟悉书中的概念。有些概念比较好理解，有些则晦涩难懂。不用着急，你不是唯一一会有这些感受的人。

读第二遍时，你可以自己把握节奏。可以从头开始，按顺序照着练习，也可以挑喜欢的部分先做。书中的概念和观点虽然都很简单，却足以改变你的人生。

想要提升自尊，光靠读这本书还远远不够，你还必须付出更多的努力。努力不会白费！我向你保证，这是值得的！

需要注意的是，你应该多在自己最不能接受的概念上努力。虽然你认为自己不存在这些概念提到的问题，但很多时候，凡是你排斥的，就是你所要学习的。

跟随书中的建议提升自尊，好好享受这一旅程吧！

目　录

2 | Part 2
向内探索，开启内在的功课

3 | Part 3
放下评价，专注真实的自我

4 | Part 4
转换心态，练就快乐的能力

5 | Part 5
告别自责，困境是成长的必经之路

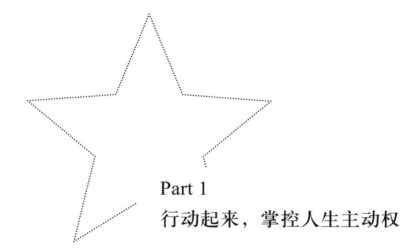

Part 1
行动起来，掌控人生主动权

只有你能对自己负责

读者朋友们，现在请大家仔细阅读提升自尊的几点重要启示，这是本书中提升自尊的重要一课：

如果事情没有朝我们想要的方向发展，我们就会怨天尤人。在这里，你需要明白：能对自己负责的人永远只有一个，那就是你自己！不是你的老板、伴侣、父母、朋友、客户，甚至经济、天气，这些都不能对你负责，只有你自己能对自己负责。

"能对自己负责的只有你自己。"这句话听着有些可怕，却也让人如释重负。当你不再把生活中发生的事情怪到别人头上时，一切都会变得不同。当你能够控制自己的人生，对自己的人生完全负责时，你的人际关系将得到很大的改善。对自己的人生负责就是掌控自己的生活。你不再是外部环境的受害者，而能够创造自己想要的生活，或者至少知道如何面对生活带给你的各种境遇。

因此，生活中发生了怎样的事情不再重要，重要的是你在面对这些事情时，采取了怎样的态度。可以说，你采取的态度就是你面对人生时做出的选择。

当你把自己的生活境遇归咎于他人时，其实是拱手让出了自己掌控生活的权力，希望他人的行动能够改善你的生活，但这种情况并不会发生。如果你能做自己人生的掌舵者，你就有能力扭转生活中的不完美。

尝试控制自己的思想、行为和感受。即使是琐碎的事情，如收看的电视节目和相处的朋友，也最好经过深思熟虑再做选择。如果你不满意当前的生活，就应当思考给生活投入更有意义的养分，即调整自己的思想、情绪，并对生活做出合理的期待。

最重要的问题是，你想成为怎样的人？

戒掉抱怨，拥抱改变

你经常抱怨吗？如果你经常抱怨，那我劝你立即停止。抱怨是在做无用功，对解决问题没有一点好处。大多数听你抱怨的人可能并不关心你遭遇了什么，有的人甚至还幸灾乐祸、心中窃喜。倾听别人的遭遇让他们自我感觉更加良好，觉得自己的生活没那么糟糕。

抱怨和随之而来的自怜是令人厌烦的。与其抱怨，不如改变。如果你对自己的身材不满意，那就开始每天步行或者锻炼半小时，吃健康的食物。如果你觉得没有时间追求自己的梦想，那就每天早起一小时，进行晨间仪式吧！如果你对自己的人生不满意，那就勇敢地承担起责任，不要再抱怨你的父母、老板或者经济状况了！

快点戒掉这种不良的习惯吧！别再抱怨你的不幸，别再责怪外界因素。要过上自己想要的生活、要实现梦想不是一件容易的事，但只要你不再抱怨环境，努力创造自己想要的环境，绝对可以实现。很多人都已经做到了，你也可以。

你的生活，必须由你做决定

不论你的生活过得怎样，总有一些人觉得他们知道你应该做什么，还会向你传授所谓的高见。这太不可思议了！讽刺的是，那些人自己的生活却与他们所提出的建议并不一致。这就像是胖子教你健康饮食，破产的人教你怎么理财，家庭生活一团糟的人教你怎么经营家庭生活。这样的例子有很多。不过，我从他们中间唯一能够接受的建议就是：做与他们建议的相反的事。

我信奉这么一条"金科玉律"：只听取那些已经实现了自己想要的东西的人的建议。奇怪的是，那些成功人士往往不会主动提建议，但是当你向他们请教时，他们会乐意回答。他们不会把自己的建议强加给你。

不过，有一件事是确定的：你必须自己做决定。对别人有用的方法不一定对你也有用，你可能还要根据自己的性格和习惯做些调整。只有你才最了解自己，也只有你最清楚什么方法对自己最管用。

本书罗列了提升自尊的 100 种方法，但并不是所有方法对你都有用。你必须逐一尝试这 100 种方法，体会其中的一些方法是如何在你身上发生作用的，然后找到对你最有用的方法。当你能坚持练习两三个方法时，你已经成功了一大半。等你掌握这几个方法之后，再挑两三个方法坚持练习，以此类推。

不要让别人替你做决定，否则事情就会按他们想要的方式发展，而不是朝你所希望的那样发生。更糟糕的是，如果你总是把决定权交到别人手里，那么你将永远无法学会自己做决定。你应该学会仔细倾听别人的意见，然后自己做出决定。因为只有你知道自己的全部情况，而且不管最初是谁给了你建议，最终的结果都得由你自己面对。所以，当你至少以自己的方式而不是别人告诉你的方式把事情搞砸时，他们转头就会找一个借口，说这不怪他们。

你自己做的决定并不总是完美的，也不必完美。但正如我说的，从自己的错误中吸取教训，比一味按照别人的想法做事好得多，不是吗？所以，将决定权掌握在自己手中，只会对你有好处！

改掉爱说闲话的坏习惯

想要拥有健康的自尊，你就必须改掉爱说闲话的坏习惯。刚开始听到有人讲某人的闲话时，你可能会觉得挺有意思，但你之后可能会想，他是不是也会在背后说我的闲话？如果换作你在说别人的闲话，听你说闲话的人可能也会猜想你在背后怎么议论他们。

要是有人当着你的面说闲话，该怎么办呢？不妨换个话题，比如"我倒想听听你的情况。你最近怎么样？"，或者"不好意思，我不想在背后谈论别人"。

我们都很清楚，闲话和谣言是有害的、有破坏性的。本来是一句闲话，并无恶意，却你传我，我传你，传来传去，完全背离了事实真相，最后造成的误解也就越来越深。

别再说闲话了，聊点有深度的话题吧。人们会更加信任你，你的人际关系也会越来越融洽，大家都愿意和诚实的人相处。

远离自我惩罚，专注正确的事

　　每当我们在一两件事情上犯错，或做了一两次错误的决定时，我们总是急着惩罚自己。但对于那些我们已经做过的从来没有出现错误的事情和正确的选择，我们又是怎么对待自己的呢？

　　专注做一件事很重要。不要总是为了以前的过错而自责，因为无论你怎么折磨自己，过去都无法再改变。与其自责，不如专注于所获得的成就，庆祝自己做出的正确的决定。

　　所以，到目前为止，你都做过哪些成功的事呢？

　　首先你还活着，所以你肯定做了一些正确的事。其他的呢？

　　你读完高中、大学了吗？也许你周游过世界，结交了很多好朋友？你培养了出色的孩子？你克服了人生中的重大挫折，或摆脱了糟糕的童年阴影？这都是值得自豪的成就。

　　回想一下，你克服过哪些挑战或挫折？你获得过哪些成就？现在是时候回顾和庆祝了。为自己鼓掌吧！

　　回忆过去的成就有利于提升自尊，而专注于追求成功，你会看到更多成功的机会。

相信自己，坚定信念

提升自尊的第一步，就是相信自己。你必须建立不可动摇的自信。如果你连自己都不相信，又怎么能指望别人相信你呢？

掌控自己的信念，没有人会比你做得更好！要相信自己的价值、能力和潜力。

好在自信就像其他技能一样，是可以后天习得的！它可能需要一些时间和练习，就像其他所有事情一样，但你可以努力去做。阿尔伯特·班杜拉发现，对于运动员来说，56% 的成功都由自信心以及他们希望达到的水平决定。这同样适用于你！

那么，如何建立信心？你需要做的就是：反复练习！即使你最初充满怀疑，也要坚定信心。但如果你内心批判的声音太过强大，信心是很难建立的。此时，你可以听听潜意识录音带，做做催眠，看看诺亚·圣约翰《为什么我总能心想事就成？》一书中的"认同式自问法"。尽管你对自己和自己的能力有着不可动摇的信念，但你的内心还是会反驳："不，你永远都是一个失败者。"而在诺亚·圣约翰的"认同式自问法"中，诺亚会自问道："为什么我对自己有这种不可动摇的信念？为什么我做的每件事都能成功？"使用这种方法，这时，你内心的消极声音就会被淹没，失去效用！

　　你也可以把自己想象成一个非常自信的人，或者假装自己是一个有坚定信心的人，这就意味着你会像一个对自己有着不可动摇信心的人一样行动、走路和说话，慢慢就真的建立了这种信心。

经常指责别人，生活更加糟糕

不要因为有些东西自己有或者没有，就去指责别人；也不要因为有的感觉自己能感受到或者感受不到，就去指责别人。指责别人不仅什么都做不了，还会惹恼身边的人。你可以怪罪你的父母、老师、老板或糟糕的人际关系，但从今天起，切记只有你才对自己的自尊负责。

当你把自己遇到的困难都归咎于别人时，实际上就是在让别人控制你的人生。你认为自己是受害者，并且只有别人才能让你摆脱困境。他们必须有所行动来帮你走出困境，但这事实上根本不会发生。一直按照别人的意愿生活，实在太可怕了。

不要放弃自己人生的主动权，要主动为自己的人生负责。指责他人只是在为自己的错误找借口，这样根本就不可能过上成功的生活。

你是唯一能对自己的选择和决定负责的人，你人生中遇到的绝大多数事情都源于过去的行为或决定。所以，你要做的就是负起自己的责任，继续前进。对于别人造成的问题，你无能为力，只能让别人解决。这也就是你必须掌控问题的原因，如果你对解决方法了然于心，问题自然就迎刃而解。只有你才能让自己幸福，也只有你才能对自己的成功和自尊负责。

当然，你可以简单地把所有的不如意和自卑都归咎于父母，但这会让你无法进步。父母或老师在二十年前对你说过的话，真的就能决定你的人生吗？

答案是否定的。学着对自己负责吧！别再怪他们了，因为他们并不了解情况。别再埋怨"我这么自卑，都怪我妈妈"了，赶快跟着这本书练习吧，一点一点来，你一定可以提升自尊。你会没事的。

这样做都是值得的！

关注别人的缺点很危险

己所不欲，勿施于人。我猜，你也不喜欢被批评吧（有高度自尊的人除外）？

控制批评别人的欲望，这是个危险的爱好。批评别人能给你一种快感和满足感，甚至还能带来优越感。但从长远来看，这可能会让你失去一些亲爱的朋友，甚至还会树敌。你不喜欢跟只会批评指责的人来往，同样，如果你经常批评别人，那么总有一天人们也可能不想和你待在一起。

一直关注别人的弱点是很危险的。久而久之，你会发现自己也有一身的毛病，甚至忍不住批评自己。批评是毫无意义的行为，它只会产生消极情绪，还会减弱自己和身边的人的幸福感。

所以，别再关注别人的缺点了，将注意力放回你自己身上吧！专注于提升自己，哪里还会有时间去批评别人呢？切记，能者专心成事，无能者才会批评别人。

评判别人之前，试着换位思考

想要过得更开心、更充实和培养健康的自尊，你就必须改掉评判别人的坏习惯。评判总是伴随着指责、抱怨，它会让你失去快乐，无法提升自尊。

要不带评判地完全接纳别人，也不要对别人有所期待。在你想要评判别人之前，试着换位思考，多替别人着想。

我们生命中遇到的每一个人都在进行着属于自己的战斗。我们不知道别人正在经历着什么，正如别人也不知道我们在经历什么一样。

所以，不要评判别人，表现出一些同理心吧。这说起来容易，做起来难，但别无他法。

你知道吗？当你评判别人的时候，也在评判你自己。

别人最惹你讨厌的地方，通常也是你最受不了自己的地方。好好想想，你最不能容忍别人的地方是什么，然后从中吸取教训。你能够容忍朋友总是迟到吗？你自己能够做到守时吗？你是不是太守时了，最好能放松一下？一个朋友曾向我抱怨说，客户总是临时取消见面。但他却没发现，他自己也经常临时取消和我的见面。

请列举别人最惹你讨厌的地方，并稍微反思一下，这些反映了怎样的你呢？

停止愧疚的心理

愧疚是最具破坏性的情感之一，世界上到处都是充满愧疚的人。最糟糕的是，愧疚感不仅毫无必要，而且这个话题多到都能写成一本书了。如果我们能够做到愧疚几分钟，然后继续生活，那这就没什么大不了的；但不幸的是，许多人长期生活在愧疚中，任何事情都会让他们感到愧疚，这对他们的自尊心造成了严重的打击。

一个人在愧疚时，会将注意力全部集中在自己的错误上，忽视做过的正确的事情；深陷于愧疚的痛苦中，人会怀疑自己是不是做人有问题，自尊心会受到伤害。

为什么我们常常会感到愧疚？因为我们已经习惯了愧疚。小时候我们就受到家庭、朋友、社会、学校的影响，有意无意地形成了愧疚心理，这种愧疚感还会通过奖惩系统不断加深。

小时候，别人总是会指出我们不好的行为，还经常拿我们和别人家的孩子比较。愧疚成了控制我们的工具。别人认为只要让你足够愧疚，就能控制你，你就会按照他们的意愿做事。他们通常会这样说："邻居会怎么想？""你让我们难堪了！""你太让我们失望了！""你还有没有礼貌？"而爱人往往会这样说：

"如果你爱我，就……"

当别人对我们说这些话时，我们通常会感到愧疚，即使我们并没有做错任何事。此外，很长一段时间以来，愧疚感一直与关心有关。很多人认为，如果你关心别人，你就应该感到愧疚；但如果你对他人漠不关心、毫无愧疚感，那你就不是一个好人。事实并非如此！

愧疚有很多方面：对孩子愧疚、对父母愧疚、对爱人愧疚、对社会愧疚、性愧疚、对信仰愧疚，以及最具破坏性的愧疚形式——给自我强加的愧疚。大多数时候，我们试图通过愧疚表明我们为自己所做的事情感到抱歉，但实际上是在折磨自己，根本什么也改变不了。最终，我们说了别人想让我们说的话，做了他们想让我们做的事，并遵从他人的要求，只是为了给别人留个好印象。

总之，愧疚根本无法产生积极的作用，只会给你造成真正的情感伤害，还会让你觉得自己很卑鄙。所以，你现在最应该做的，就是停止愧疚的"幻觉"。愧疚使你活在过去，无法享受现在。愧疚和从错误中吸取教训，二者有着巨大的差距。愧疚总是带来惩罚，而惩罚有许多种方式，包括抑郁、感觉不足、自卑、缺乏自尊，以及不懂得爱自己和别人，这些都会在无形中给你的身心带来伤害。

不过，只要你努力提升自尊，活得真实一点，和对的人在一起，就能减少愧疚感。当你感到愧疚时，提醒自己这是一种不必要的情绪，并从错误中汲取教训，这就够了。

战胜内心的小恶魔

人一生中最大的敌人，就是来自内心的批判。没有哪种批判比自我批判更严厉。只有战胜内心的批判者，你才能培养健康的自尊。

那个来自内心深处的声音，总是不断地指出你的错误，粉碎你的自尊，从而在问题出现时让你感到沮丧。那个内心的声音总是指责你"我应该……""为什么我没有……""我怎么了？""我就知道我会失败""我还不够好"……更糟糕的是，你无法逃避那个内心的声音，也很难让它安静下来，你只能面对它，并学会牵制它。你可以听听那个消极的声音在说什么，但不要相信它的话。多听听积极的内心独白，听听那些支持你、理解你、相信你、鼓励你的富有爱心与同情心的声音。

当你在努力做某件事时，会突然怀疑或感觉整个人都没能量了；当你工作卡壳、觉得工作无聊或厌烦时，内心的批判声音就会冒出来。倾听它在说什么，但不要当真。不要拒绝消极的自我对话，用"那又怎样？""有谁在乎？""没什么大不了！""我讨厌你""走开，我得继续干活了"回应它。不要管内心的批判，把正在做的事情做好。当你越来越熟悉内心的批判声音时，就越不容易受到它的伤害。努力去识别那个消极的声音，当你能够清楚地识别内心的批判声音时，你就会知道怎样才能摆脱它。

你越是用肯定自己、庆祝过去的成功、冥想和其他技巧来提高自尊，内心的批判声音就越弱。持久的自尊来自对自我的认识。了解你自己，接受你自己，你就能维持积极的自尊。

不要让内心的"小恶魔"夺走你内在的善良、怀疑你的价值或才能；不要让他在你的心里制造怀疑和混乱；不要相信他那"没有人爱和关心你"的谎言。你很重要，大家都爱你、关心你。

停止与他人的竞争，专注成长

尽管人生看起来就是一场竞争，但其实不然。你唯一的对手就是昨天的自己，你应该专注于成为自己想要成为的人。

人生的意义不是打败别人，而是取悦自己，不断提升自己。

对于那些总想和别人竞争的人来说，这个世界就是个充满竞争的地方。我们被迫去相信竞争是健康的、必要的，因为竞争能帮我们找到人生的目的、意义和方向。其实这种说法是错误的。

如果你对自己和自己的能力足够自信，那么你有必要与别人竞争吗？你需要比任何人都强吗？你还需要和周围的每一个人比较吗？你还需要别人来告诉你自己有多棒吗？

高自尊的人觉得自己没有必要和别人竞争，他们不需要比别人强，也不需要外界的认可。即使表现不错，他们也不需要任何奖励，因为他们知道自己已经全力以赴，并且明白最重要的并不是结果，而是过程。

高自尊的人能看到自身的巨大潜力，追求卓越的人生。他们唯一的竞争，就是与自己的竞争。人生的目标在于实现自我成长，把每件事都做到极致。

做一个高自尊的人，停止和他人的竞争吧。

信守承诺，说了就要做到

信守承诺能够提升自尊，但它常常被我们忽视。

你所许下的每个承诺以及对别人许下的承诺，最终都是对自己的承诺。如果你不履行承诺，那么就会渐渐失去对自己的信任；每当你撒谎、欺骗或不诚实时，你都要付出沉重的心理和情感代价。你是在告诉自己："我的承诺一文不值，所以我这个人也一文不值。"不要贬低自身的价值，要信守承诺。

做不到的事情不要轻易承诺，要多多兑现你承诺过的事情。

如果你说过你要去某个地方，那就要去那里。如果你感受到了有什么，就要认真地表达。

做那些你说过要做的事情。不要撒谎。对于自己不会做、不想做或没有做的事情，要立马告诉别人。

要想得到别人和自己的信任，就不要戏弄别人，不要说半真半假的谎言。

注意自己说话的方式。你是只会说好听的话，还是会说真话？当你说真话时，你会告诉自己："我说的话是有价值的，是重要的，我自己也很重要。"但如果你撒谎或者总想讨好别人，那么你告诉自己的就是："我还不够好。我需要变成别人喜欢的样子，这样他们才会喜欢我。"而在这时，你的自尊心和自信心就会受到打击。

　　与其做出无法兑现的承诺，大话满天飞，结果表现平平，还不如少做承诺，多做实事。这样不仅会使你的个人价值在他人眼中得到提升，也会在你自己这个最严厉的批判者眼中得到提升。别人会觉得你很棒，因为你所做的似乎超出了预期，每次都付出了额外的努力。你也会感受到更少的压力，更加放松。

做个行动派，为梦想勇敢

早在几百年前，约翰·沃尔夫冈·冯·歌德就说过："无论你能做什么，或者梦想能做什么，着手开始吧。勇敢就是天赋、力量和魔力的代名词。"

你会计划事情吗？当事情没有按你预期的那样发展时，你会难过吗？如果这种情况经常发生在你身上，那你可能忽略了这个关键点：空有梦想和计划是远远不够的，你必须行动起来，才能把梦想变成现实。

想要实现目标，你必须付出很多努力，最重要的是你必须采取行动，仅仅坐在沙发上想象和憧憬美好的生活是行不通的。

行动是拥有成功、幸福生活的秘诀。仅仅谈论梦想、计划和目标是远远不够的，重要的是结果。但是没有行动，就不会有结果。

实现目标的人和停滞不前的人之间最大的区别在于是否行动。实现目标的人都是一贯采取行动的实干家。如果他们犯了错误，就会从中吸取教训，继续前行；如果在行动的过程中遭到拒绝，他们也会再次尝试。

做一个行动派！如果你真的想要得到某样东西，那么就必须行动起来，争取得到它。

有了想法就要马上行动

卡尔·荣格说得很对："你的价值是以你所做的事，而不是以你所说的话来决定的。"有太多的人想要改变世界，但却从不拿起笔开始写一本书或一篇文章，也没有为此做过任何事情。毕竟，抱怨要比自己行动容易多了。

你的人生就掌握在自己的手中，所以有想法就要马上行动。不过，你不用一下就面对重大的挑战，每天坚持做一些小事，同样可以给你带来好的结果。勇于尝试你想做的事情，你会找到做这些事的动力。无论如何，从现在就开始行动吧！

请记住：行动胜于言语。只说不做的人，永远过不上自己想要的生活。更糟糕的是，这样还会伤害自尊心。我们必须做到言行一致。当我们和别人交流、但他跟不上自己说的话时，我们只好安慰自己说："我说的话一点也不重要，没关系。"

别再等了，所谓的最佳时机永远都不会到来。从当下开始，一步一步来。像马丁·路德·金所说的那样去做："要迈出信仰的第一步，你无须看到楼梯的全貌，只要迈出第一步。"停止空谈，现在就开始行动。

为什么你总会拖延

当有些人还在梦想成功时，另一些人已经很早就醒来努力奋斗了。当我们最需要行动和改变的时候，却常常选择了逃避。

你需要一点纪律来约束自己、停止拖延，这样做会带来巨大的回报。

拖延症会使事情变得更难，也更可怕。没有比未完成的任务更糟糕、更让人感到压力了。我们会感到有一副沉重的担子压在肩膀上，无法享受当前正在做的事情。所以别再拖延了，它只会给你增加焦虑。大多数时候你会发现，这件拖延的事情其实可以很快就完成，而且事情完成后，你会轻松很多，也会很快忘记它。

所谓拖延症，其实就是逃避应该做的事情。人们把事情推迟，什么都不做，还希望这件事会不可思议地好转。可问题是，大多数情况下，这件事非但不会自己好转，反而越变越糟。

很多时候，导致拖延的原因是恐惧。我们害怕被拒绝，害怕失败，甚至害怕成功。不堪重负的感觉也会导致拖延症。

如果你只做那些必须做的事，其他的事一概不做；如果你做着无关紧要的事，而不去做你认为自己该做的事；如果你将自己认为必须要做的事放在后面完成，而先去完成那些自己认为重要的事……那么，你都是在拖延。

开始的秘诀就是这么简单：只要做就行了。开始行动往往是你继续前行的动力。只要集中精力迈出小小的第一步，然后一步接一步，就会离成功越来越近。在实现目标的人与没有实现目标的人之间、成功的人与失败的人之间，唯一的区别就在于行动力。现在就开始行动吧。明年的现在，你会感谢此时此刻已经行动的自己。

你是什么样的人，和你想成为什么样的人之间，唯一的区别就是行动。只有行动起来，你才能实现目标。这个过程其实并不容易。你会感受到痛苦，你需要有耐心、毅力和奉献精神，还要做一些艰难的决定，你甚至可能不得不和一些人分开。很多时候，放弃很容易。你会有很多次想要放弃，但是请记住一件事：当你实现了自己的目标时，你所有的付出都是值得的。

如果你忍不住想要拖延，就问问自己："我会为拖延这项工作付出什么代价？""因为一项原本一两个小时就能做完的工作而产生压力、失眠，这值得吗？"

不要等到准备好才开始，最好的时机永远是现在！

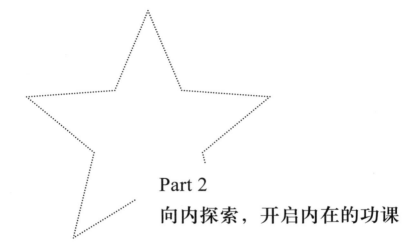

Part 2
向内探索，开启内在的功课

培养自尊，从认识自己开始

一切都从了解你自己开始。它是"所有智慧的开始"。

培养自尊的第一步就是认识自己。弄清楚你最想要的是什么，你有怎样的价值观和世界观，你对周围人的看法，最重要的是弄清你对自己的看法。

我们所受到的教育往往会影响我们的价值观、世界观，以及对别人和对自己的看法，所以我们常常分不清哪些是自己本身就有的，哪些是家庭、文化或社会"强加"的。

不论自己的现状如何，如果不努力认识自己，就不会知道自己的价值观、世界观以及对别人和对自己的看法从哪里来。你应该找到自己人生的方向和意义，选择自己要走的路。不要像我一样，这么多年一直拖延这项工作，没有早点认识自己。我从没想到，认识自己居然能改善我的生活。

下面的问题可以帮你更好地认识自己，请如实回答。

- 你的人生动力是什么？
- 你最想要的是什么？
- 你在努力实现人生最大的愿望吗？

- 你真正喜欢做的事情是什么？

- 你不喜欢做什么？

- 你会做自己不喜欢的事情吗？为什么？

- 你有哪些优点？你是怎么发挥自身优势、克服困难的？

- 你有哪些缺点？

这些问题是关于你自己的，不要询问别人的意见。不要跟别人比，只需要跟自己比，看看自己是不是有进步，想想怎么才能不断进步。

勇于冒险，允许自己犯错。在没有别人的帮助或建议的情况下，开始做一些小的决定。多问问自己"为什么"，并审视自己或别人的态度。

如果想要了解更多，你可以访问 www.marcreklau.com，下载关于认识自己的调查问卷和其他表格。

接受自己，生活就会变轻松

想要快速提升自尊吗？那就学会爱自己吧。自爱是自尊的一大支柱。你越是自爱，自尊心就越强。可问题是，在我们的社会中，自爱已经等同于自私、傲慢和自恋，这简直就是无稽之谈！傲慢和自恋并不是自尊的标志，反倒是缺乏自尊的表现。在本节中，我们来谈谈真正的自爱。忘掉父母、老师对你说过的话，保持开放的心态，来深入了解这一节"自爱"的内容。

我们被灌输要像爱自己一样爱邻居，但我们往往只爱邻居，却不爱自己。我们能发现别人的优点，却看不到自己的优点。我们忽视了生命中最重要的关系，那就是如何与自己相处。

提升自尊最重要的一点就是：像爱邻居一样爱你自己！像宽容邻居一样宽容自己。当你开始爱自己时，别人也会来爱你。如果你连自己都不爱，怎么去爱别人呢？

接受你现在的样子，不必苛求完美。

多花点时间与生命中最重要的人（也就是你自己）在一起；享受独自看电影的乐趣；享受一个人的独处时光。找到一个可以远离快节奏的生活的地方，在那里真正地做你自己，做一个有人情味的人。

认识到你作为一个人的价值，要知道，你值得被尊重。如果你犯了错误，不要责怪自己。接受错误，并保证不再重犯就够了。

　　自私一点！这并不是要以自我为中心。只有让自己开心了，才能让身边的人开心。如果你感觉很好，那么你身边的人都会受益。你会成为一个更好的丈夫、妻子、儿子、女儿、朋友等。

　　这一切都始于爱你自己。

你的情绪不是你

尽管有时候你感觉自己被情绪控制了，但你不是自己情绪的奴隶。只有你能对自己的情绪负责。你的情绪并不是由他人引起的，而是你对别人的言行做出的反应。你所有的情绪都来自你的想法，而你现在已经了解到，可以通过训练控制自己的想法。情绪就是流动的能量，是思想在身体上的反映。如果你能控制自己的想法，你就能控制自己的情绪。

你不需要害怕自己的情绪。它们是你的一部分，但它们不是你。

最重要的是，你要学会接纳自己的情绪，并且要知道，情绪没有好坏之分。每种情绪都有其独特的功能：恐惧能保护你；愤怒能让别人看到你的困扰，设定边界，保护自己免受伤害；悲伤会让你痛心，发现缺陷；幸福会让你感觉很棒……

将身体的感受与情绪联系起来，懂得如何表达情绪。永远不要忽略或压抑情绪，那只会使事情变得更糟。如果感到悲伤，不要自欺欺人地说"我很高兴"，而是要想想，你为什么会感到悲伤，而且人有喜怒哀乐的情绪是正常的。偶尔感到悲伤、失望、愤怒或羡妒并没有什么不好，但感觉情绪萌生时，你就要分析它产生的原因。

成为一个观察者，仔细观察自己的情绪，看看情绪对你产生的作用！其实它们只不过像天空中的云一样，风一吹就来，再一吹就散。接纳自己的情绪，就像接纳雨天一样，当我们发现窗外在下雨的时候，我相信绝大部分人不相信雨会一直下吧？我们认可雨是一种正常的气候现象，但这并不意味着雨会一直下。雨天不是一种常态，我们不良的情绪也会消散！我们会感受到愤怒、悲伤、恐惧等，但这并不代表它们会一直在那里。从这个角度看，情绪就是情绪，没有好坏之分。如果你想通过文字来驱散情绪，那就动笔写吧！它们最终会消散的！如果你对一个人生气，就给他写一封信（或电子邮件），但不要发出去。等到了第二天再看看还生不生气。

学会管理你的情绪，这意味着要感知、使用、理解和管理它们。技巧如下：

1) 认识和表达情绪（允许自己感受情绪）。

2) 促进情绪的产生（我要怎么做才能感受到其他情绪）。

3) 了解情绪（为什么我会产生这样的情绪）。

4) 调节情绪（现在我知道为什么我会有那样的感受了）。

管理情绪有着巨大的优势：

我们可以更快地从问题和挫折中恢复过来，而且可以恢复得更好！

我们的工作表现会更好，更加稳定！

我们可以消除紧张的人际关系！

我们可以控制冲动和暴躁的情绪！

我们可以在关键时刻保持平和的心态、宁静的内心！

你的行为不是你

　　尽管别人可能不是这么说的，但你的行为不是你。你的行为有时可能聪明，也可能愚蠢，但这并不能说明你是个愚蠢的人。你可能很聪明，只是做了愚蠢的决定。这很正常。我们做事情有时太冲动，不考虑后果，有时却又不知道自己为什么要这么做。其实，没有人是完美的，我们要从中学习。

　　看到结果后，我们可能会觉得自己当初的决定是错的。是的，我们本可以有不一样的选择。在刚做出决定时，我们或许觉得这个决定还不错，并且在当时看来，似乎已经是最好的选择了。

　　你的行为与你的人生价值毫不相干。不要把自己和自己的行为混为一谈。即使你从不犯错，你也不会成为一个更有价值的人；所以就算犯了错，你的价值也不会降低。偶尔做点"蠢事"，丝毫不会影响人生的价值。

　　根据自我认知与发展水平，尽最大的努力，做最好的自己。你的认知水平决定了你的选择和行为。

　　因为受到当时认知水平的限制，你可能会为自己之前的言行举止感到后悔，不管做没做，说没说，你都会后悔。即使结果不够完美或不太明智，但这已经是你能做的最好的选择。

不要因为不明智或错误的决定和行为而怀疑自我的价值，只要尽力从错误中吸取教训，别再做出愚蠢的决定和行为就够了。

克服完美主义的小练习

低自尊的人往往也是完美主义者。这是一个可怕的组合，容易产生挫败感和焦虑感。提升自尊可以克服完美主义吗？克服完美主义可以提升自尊吗？答案都是肯定的，两种方法都行得通。那么，怎么才能克服完美主义呢？

关键是要有自我意识，知道自己想要什么，不想要什么。我们要接受现实，接受情绪，接受当下的困境。你可能无法改变处境，但你可以改变自己的心态，也就是改变你对事情的看法。一年后，你为这件事担心和不安值得吗？十年后这件事还重要吗？

想要克服完美主义，你必须开始关注过程，奖励自己的努力，奖励一次又一次的尝试，甚至奖励失败。在摆脱完美主义这条路上已经没有其他的学习方法了。失败会带来痛苦，但经历的失败多了，它带来的痛苦就会愈来愈弱。

最后一点，通过接受来克服完美主义。接受外界的环境，接受自己，接受自己的不完美。相信我，接受一切，行动起来，坦然面对所有事情，让自己冒险。接受自己的弱点，并把它当作自我成长的机会，常常问问自己："我有成长的机会吗？"

只要做好这几件事情，你就可能克服完美主义，明白了吗？

改变总是通过尝试新的行为来实现。比如，让自己承担更多的风险；想象做出新的行为：把自己想象成并表现得像一个追求卓越的人，全力以赴，做到最好。

如果完美主义阻碍到你写论文、写书或开始一个项目，不妨告诉自己这只是"初稿"，以后还会不断改进（就像软件公司一样，不断更新软件从 1.1、1.2 到 1.5 的版本）。这样一来，你的压力就会减轻，工作也能顺利完成。

你甚至可以偶尔转移一下注意力。当出现消极的想法时，最好转移一下注意力。想太多不一定有用。跑跑步，听听音乐，休息过后再来解决问题。

像对待自己一样地去对待别人，或者说像对待自己一样地去对待处在同样境地的朋友，即"己所不欲，勿施于人"。如果你的朋友遭受了严重的失败，你会怎么做？如果朋友犯错，你又会怎么做？你对朋友肯定比对你自己客气吧？这就是"以惠我之心惠人"。接受自己的失败，就像接受别人或爱人的失败一样。对自己也要有同情心，就像同情他人一样。

当你再次察觉到自己拥有完美主义时，试着做上面的练习，给自己一点时间，重塑自己。不要在意别人的看法，也不要管自己的想法，坚信只要练习就能好起来。

不要被伪自尊蒙蔽

不要将自尊和自恋、自私、傲慢混淆。这些都是缺乏自尊的表现，我们称之为"伪自尊"或"假自尊"。伪自尊是假装自信和自尊，脱离了现实，营造了一种认为自己比别人更有真正自尊的幻觉。

但我们都知道，一个爱吹牛、炫耀又自大的人，他的自尊心可能没那么强，事实上这种行为与健康的自尊完全相反。高自尊的人大多都很谦虚，不需要炫耀自己。

伪自尊是一种保护自我的手段，它的目的是要减轻人内心对于错误和脆弱的焦虑，创造一种虚假的安全感，从而缓解对真实自尊感的需要。

一般来说，伪自尊的人之所以重视自己或他人，往往都是看他们获得了什么成就，而不是因为他们本身是什么样子。

真正的自尊源自现实，源自你实际的表现、获得的成就和实际付出的努力。你现在可能明白了，想要建立真正的自尊，就需要付出努力和辛勤工作。

潜意识相信什么，生活就会变成什么

看看你周围的环境，你发现了什么？想想你现在的生活状态，你的工作、健康、朋友和身边的人，看起来怎么样？你对这些都满意吗？你对你的生活满意吗？如果不满意，你可以改变它。不幸的是，我必须告诉你，我们大多数人面对的生活境遇都是我们确实应当遇到的，并不是巧合。

自尊在很大程度上会影响我们的人际关系和生活处境。这种影响是在无意识中产生的。所以，即使我们有意识地认为自己值得过更好的生活，但实际上，我们在潜意识中相信和预料什么，我们的生活就会变成什么样！

这就解释了为什么拥有健康自尊的人期望得到尊重、帮助和合作，结果就真的得到了尊重、帮助和合作，而低自尊的人却总是陷入难受和不愉快的境地，甚至他们的善良也会被别人滥用。

如果你拥有低自尊，那么应该怎么做呢？不妨多做做书里的练习，提升自身的幸福感、自尊感。如果你潜意识或有意识地相信自己值得拥有更多，你的行为就会改变，你会尽自己所能去争取应当拥有的东西，这样你的生活就会得到改变。

这种情况在我培训的客户身上就发生过很多次，当他们的自尊提高时，他们就会变得更加自信，工资也会随之上涨，他们的人际关系会变得更和谐，身体也会更加健康。这实在太神奇了！同样，你也值得拥有生活提供给你的一切。坚定信念，相信自己，努力去实现你想要的生活吧！

你的优秀，独一无二

你是独一无二的，你很优秀，但这并不意味着你比别人强，也不意味着别人不能以他们的方式变得优秀。你优秀，不能代表别人就不优秀。其实当你开始变得优秀时，你身边的人也会变得优秀。

我们从小就被灌输这样一个思想：比我们更优越的，是那些有显赫的头衔、有很高的社会地位、有更多金钱的人，我们必须崇拜那些人。

好在现在时代不同了，一切都瞬息万变，头衔和地位不再那么重要了。比如，很多大学生甚至博士生毕业后都找不到工作；另外，大学没毕业甚至高中没毕业的人也能创办国际大公司。有些人失去了社会地位，而有些人却步步高升。今天的一些富豪，像杰夫·贝佐斯或马克·扎克伯格，他们在 20 年前还没开始做生意。他们是与众不同的，但这并不意味着他们比你好。

真正有自尊的人，不仅知道自己是独特和优秀的，也能接受别人的优秀和与众不同。也就是说，你不比别人强，但也没人比你好。

别让"不值得"成为预言

关于自尊的所有苦恼都绕不过一件事：我们觉得自己是不值得的，不值得拥有美好的祝福，也不值得拥有生活中美好的东西。如果我们真的这么想，那么就会把它变成一个自我实现的预言，美好的事情也就不会在我们身上发生了。

你要谨记一条不变的定律：你已经足够好了。就是这样，不要陷入思维怪圈。你不需要有特殊的能力，也不需要变得多聪明、多富有才能值得拥有所有的美好，因为你本身就是一个那样的人。

尽管你有钱有房，工作很棒，生活舒适，你所拥有的一切都会影响你的生活方式，但是它们都与你作为一个人的内在价值和重要性无关。

你不需要特意做任何事来让自己变得更有价值。你已经很有价值了，你生来就是一个有价值的人。你自身的价值不会因为任何行为而提高或降低。除非你自暴自弃、自我毁灭，任何人都不能否定你的价值。

如果你怀疑自己作为一个人的价值，不妨读读这句话：

你已经足够好了。

怎么让批评的人闭嘴

只有一种确切的方法可以避免批评：什么也不做，什么也不说，做个对什么都"无所谓"的人。

不论你在自己的行业里有多优秀，总会有人批评你。你越早能接受批评越好；你越早学会处理它，你就越健康。有些人就是喜欢让他人难受、攻击他人的工作，甚至攻击他人的人格。我并不是说你不应该听别人的意见，而是告诉你要学会区分建设性批评和破坏性批评。

你越是和那些"可怜的人"争论，他们就越是批评你。你不能和他们讲道理。对于他们来说，这只是个游戏，目的就是想伤害你。在大多数情况下，这种人缺乏自尊，不自信，往往没有取得任何成就，于是就选择了走捷径——批评他人。

如果被别人批评后你做出了回应，或感觉被冒犯了，那他们就得逞了。因为你把他们的批评当真了。

我不希望在生活中遇到这种传播负能量的人。我们可以接受别人的意见，但要拒绝破坏性的批评。遇到这种人，你可以试试下面的方法。

第一，忽略他们的存在，不用理会他们的挑衅。

第二，简单地说句"谢谢"。

第三，让他们闭嘴的最好方法，就是表示同意："你说得对，谢谢啊"。他们不希望这样！他们在等你反驳、感到难过或感觉被冒犯。如果你不反驳，他们反而不知道该怎么回应了。

你对自己苛刻吗

在生活的哪些方面，你对自己过于苛刻？如果你犯了错，或者事情没有像你希望的那样发展，你就会陷入自我批评。但它对你有用吗？一丁点儿用都没有！

是时候接受这个事实了：你并不完美，而且永远也不会变得完美！但是最重要的是，你不需要变得完美！所以，别对自己太苛刻了！它会阻碍你追求幸福充实的生活。

改掉过度自我批评的习惯，尤其是在已经有很多人有事没事地批评你的时候。

你要意识到，你已经全力以赴了。你要进行积极的自我对话，不要再说"我真笨""我是个白痴""我太傻了"这样的话，也别再用"笨蛋""胖子""丑八怪"这样的外号称呼自己了。

这种消极的自我对话只会让你看到自己的缺点，而且还会把它放大。

这并不是说你不应该去分析你犯下的过错，只是不要惩罚和折磨自己。你知道吗？之所以很多时候我们会感到痛苦，是因为在潜意识里，我们认为自己应该受到惩罚。

所以，与其自暴自弃，不如行动起来：

1) 接纳自己。

2) 原谅自己，爱自己。

3) 照顾好自己。

大方地接受别人的赞美

如果你发现自己很难接受别人的赞美或恭维，就要注意了。因为在多数情况下，当被他人夸奖时，如果你感到不自在，这不是因为谦虚，而是因为缺乏安全感和自尊。如果你难以接受赞美，可能是在内心深处，你觉得自己不值得接受赞美。

我们大多数人从小就被教导，不能夸赞自己。就算你干得不错，也不能说"我太棒了"，这样别人会觉得你骄傲自负。因此，当听到别人的夸奖或赞美时，我们总是贬低自己。

在人生的这个阶段，我们应该早就忘记了童年时期接受的教育，这种过时的教育被证明是错误的。你的工作做得好，大方地接受别人的赞美，这没什么。别再说"区区小事，不足挂齿"了，试着说"谢谢你，我很高兴你能这么想"。不要否定别人对你的赞美，因为这么做会让别人体会不到赞美的乐趣，怀疑自己的判断力，觉得自己的赞美一文不值，这很容易被视为一种冒犯。记住，承认自己做得很好并不是什么坏事。

倾听你的内心独白

不要低估你的话语的力量，认真倾听你内心的对话。你怎样描述自己的经历，你实际的经历就会是什么样。我相信你一定有过自己说出的话给别人造成伤害的经历，但这还不够。你说出的话和心里的潜台词也会对你自己和你的自尊造成很大的伤害。不管你怎么看待你自己，都要仔细关注你内心的对话。如果你总是在比较、判断、抱怨、自我批评，那么就还有很大的改进空间。如果你总是抨击自己，那么你的自尊就会受到非常负面的影响。

大多数时候你可能意识不到，内心的对话往往是自动进行的，它会对你身边发生的一切进行判断和评估。只要留心观察，你就能发现它是如何影响所有发生在你身上的事的。

你脑海中的那个小声音会怎么看待你身边发生的一切呢？如果你总是告诉自己，你不好，没有魅力，软弱，不够聪明，懒惰，无力，那么这就是你的样子，因为你的自我对话变成了自我实现的预言。

你内心的对话就像催眠师不断重复的暗示，深刻影响着你的自尊。因此，小心自己的内心对话，它们具有强大的力量。如果你对自己说"我很健康，感觉很棒，而且非常出色"，那么你就会变成这样。

你和自己交流的方式会改变你对自己的看法，继而改变自己的行为方式，最终会改变事情的结果和他人对你的看法。

比如，你刚走出门发现外面正在下雨，如果想着"下雨了，这鬼天气糟透了"，那你就会感到沮丧和愤怒；如果你换种心态想"好吧，下雨了，我们该怎么办呢？至少不会缺水了"，那你就能平静地接受一切。

经常给自己一些积极的暗示，如"我十分成功""我非常苗条""我现在非常优秀"。

这是因为，你的潜意识会全盘吸收你给自己的暗示，它不会对暗示说"不"，而是会将你的话语直接转化为图像。例如，当你说出大象是粉红色的，你就真的会想象一头粉红色的大象！

把精力集中在自己想要的事物上。请记住，你的话语——特别是那些自我问答的方式呈现的话语——会深刻影响你的生活。

不要暗示自己"我不行"。相反，我们需要不断询问自己："我们应该如何解决问题？"当我们询问自己的时候，我们的大脑自然就会顺着思路，思考解决问题的方法。值得庆幸的是，我们可以通过改变话语来改变自己的生活。

自我认知，指向命运

自我认知即命运，它对我们的生活有着重要的影响，既可以产生积极的影响，也会给我们带来伤害。因此，积极的自我认知和内在对话相当重要。你可以对自己说"我很聪明""我是个好人"，也可以告诉自己"我没用""我不配""我太蠢了"，全看你自己怎么选择。

自我认知往往受到小时候所处环境的影响，但这并不意味着你必须把它看作理所当然的，无法改变的。自我认知对你做的事、行为方式以及体验人生的方式有巨大的影响。所以，如果你不喜欢自己所看到的东西，不妨给生活添点新花样，改变看到的一切。久而久之，这些新的面貌将会取代你过去看到的旧面貌。

学会积极的话语和自我暗示，积极行动起来，每天对着镜子保持微笑 30 秒，或者假装自己拥有健康的自我认知。

我们得出关于自己的结论和关于他人的结论的方式是一样的：观察行为。如果你表现得有自尊，你的自尊就会提升，你会觉得自己自信心爆棚，然后就成了自我实现的预言，你变得更自信了。

一旦你意识到自己可以做好很多事情，你就会告诉自己"我能搞定，我能应付。我远比想象中的自己更有韧性"。你的自尊水平上升了，你的快乐水平也会随之升高，这样自然也会取得成功。

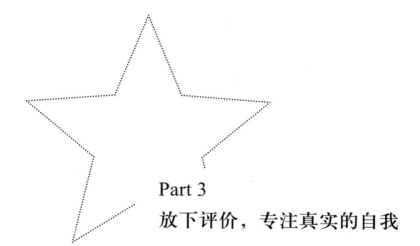

Part 3

放下评价，专注真实的自我

要是我……，其实让你的感觉更糟糕

我们时常在想：要是我这么做了，我还能变得更好；要是我没有那么做，我还会更讨人喜欢；要是我能做到这一点，我会过得更好……

马上停止这样想吧！所有这些假设只会让你觉得自己很糟糕，而且还会无限期地推迟你对自己的接纳。更糟糕的是，它会让你觉得自己没用、不完美。

这简直就是在浪费时间和精力。你已经很好了，没必要为了自我感觉良好而做出改变。到现在，你只需要接受自己本来的样子。

当然，你完全可以改善自己的生活，不断提升自己，追求卓越，但前提是你要知道自己是个完全有价值的人。

接受自己本来的样子，不断完善自我，每次都尽力做到最好。伴随着你的进步，你会做得越来越好。

放下内心的"我无能"信念

　　大多数人不愿意承认自己的错误，会浪费大量的精力来编造借口和理由，证明自己是正确的。

　　这可能是因为根植于我们内心的"觉得自己无能"的深层信念。我们内心会认为，如果能设法让自己和其他人都相信自己永远不会犯错，那么自己就可能真的会至少有一段时间不犯错误了。

　　不管怎样，你已经很清楚犯错并不是一件坏事。每个人偶尔都会犯错。虽然刚开始你可能会感觉很奇怪、很尴尬，但还是要养成勇于承认错误的习惯。不是所有人都会承认自己的错误。如果你能承认错误，别人会感到惊讶，甚至可能会对你感到钦佩。承认错误、承担后果比否认错误更有力量、更健康。当你不再耗尽精力否认自己的错误时，你的身心会获得解放。

　　偶尔犯错误没关系，每个人都会犯错。犯错并不意味着你是个坏人，也不会让你变得一无是处。因为人无完人，是人都会犯错。承认自己的错误，是有力量、成熟和健康自尊的标志。

　　但是，如果你一次又一次地犯同样的错误，那就有问题了，你应该吸取教训、学习经验，避免再犯同样的错误。

成功的人，大多活得真实

"在一个随时都想把你变成其他模样的世界里，坚持做自己是最伟大的成就。"

——拉尔夫·沃尔多·爱默生

你有没有注意到，最成功的人都是那些活得真实的人？他们没有扮演任何角色，他们就是他们自己，就是你所看到的样子。他们知道自己的长处和短处，可以接受自己的脆弱，也能对自己的错误负责。他们不在意也不害怕别人的看法。

如果你说的话或同意他人的观点，只是为了取悦别人，那你很可能是低自尊者。做你自己，说出自己的真实想法，而不是你认为别人想从你那里听到的想法（除非你受到危险）。但尽量不要说伤感情的话，也不要出言不逊。要注意，你的想法和别人的一样重要。哪怕你的想法与大多数人都不同，这也丝毫不会降低它的可靠性和重要性，你依然可以坚持自己的想法。

别再为了取悦别人而同意别人的观点了。这样做对你没有任何益处，是对自己的不诚实、背弃自己的价值观和想法。如果你不同意某人的观点，那就直接说出来。如果他们是你的朋友，那他们就会接受你的意见；如果他们不能接受，那你也不可能和他们这么要好了。所以，不要害怕说出自己内心的真实想法。

不要让这个世界告诉你你应该是谁；不要为了取悦他人而戴着面具生活；不要太在意身边的同事、朋友、邻居等对自己的评价；不要再伪装自己，不必考虑别人的感受，也不要考虑别人对你的看法。

别装了！做最真实的自己，你会收获很多。

有趣的是，你会发现，你越是做你自己，就会有越多的人被你吸引！试试吧！

完美主义者的体验

如果你是那种想把一切都做到完美的人，那么你注定不会开心。完美主义者不相信有人能做得比自己更好，所以他们总是给自己揽很多活，从不把任务交给别人。他们总是害怕失败，承受很大的焦虑和压力。

完美主义是创造力的敌人，它常常阻止我们行动，一旦无法行动就会导致拖延。完美主义者甚至比其他人更加害怕失败。因为只要不行动、不做决定，就不会失败。所以他们索性就不行动、不做决定。或者他们也可能一直在行动，因为它都还不够完美。所以时间就这么一天一天地过去了，他们最终什么成绩也没做出来。

完美主义者总是有挫败感，缺乏内心的自我认同，所以自尊会受到伤害。如果你总觉得自己是个失败者，那你就很难发展出健康的自尊。敢于尝试和冒险是决定个人成功和幸福的关键因素，但完美主义者不太可能去尝试，也不敢让自己冒险。

不过，请别误解我的意思。虽然多数行业都不需要完美主义，但某些行业和特定情况还是需要追求完美的，如在急诊室或手术室。

与其事事追求完美，不如做个追求卓越的人。如果你每次都全力以赴，但知道世上并不存在完美，那么你就不会承受太多的焦虑和沮丧。完美主义者充其量只是暂时解脱，但追求卓越者能获得持久的满足感，并享受自己的人生旅程，活得更加快乐。

不论怎样取悦，总有一些人不喜欢你

不要试图取悦所有人，因为这是不可能的。总会有人不喜欢你，这很正常。这并不是你的错，你也没有做错什么。不要试图通过改变自己来取悦别人，你不可能取悦所有人，反而还会失去真实的自我和自尊。

我最终不再试图取悦所有人的一个技巧是，我明白了不管怎样，即使在最佳的情况下，在我遇到的人中，总有一些人喜欢真实的我，而另一些人，无论我怎么取悦他们，他们都不会喜欢我。所以，当遇到不喜欢自己的人时，我不会想尽办法取悦他，而是对自己说"好吧，他肯定属于那些不喜欢我的人"，也不会浪费时间和精力去说服他喜欢我。这样一来，我的生活轻松了很多。

不要为了让别人喜欢你而改变自己，这既不可能，也没有必要。你要和那些喜欢真实的你的人相处，而对于那些不喜欢你的人，就祝他们幸福！

你在乎的那些看法，其实并不客观

"不必在乎别人的看法"。当然，偶尔听听别人的评价还是有用的。在必要的时候，总得有那么两三个人告诉你赤裸裸的丑陋真相。

这些人凭蛛丝马迹就可以"看穿"你的性格、个性以及生活状态。不必在乎他们的看法。我们往往都太过重视别人对自己的看法，如果他们批评我们，我们就会感到痛苦。有时，我们会觉得他们对我们的个性、性格和行为的判断是正确的，甚至比我们自己的看法还要重要。大错特错！他们怎么会比你自己还要了解你呢？

首先，那些人是用他们的价值观体系来评价我们的；其次，他们对我们自身、对我们的教育和经历并不完全了解，怎么可能这么快就知道我们的性格和个性呢？又怎么可能知道我们是谁和我们的行为方式呢？我们每天 24 小时都和自己待在一块，即使这样，我们也无法真正了解自己。那他们又凭什么说了解我们呢？

相信我，在大多数的情况下，别人对你的看法都是错的、片面的。除非他们真的很在乎你过得幸不幸福，否则不要太在意这些看法。当你真的能做到这些时，你会觉得自己还是很不错的。

从别人的评价中，可以看出他们是怎样的人

西班牙有一句谚语："别人对我们的评价，反映的是他们自己的看法，而与我们本身无关。"

别人对你的看法是他们的问题，而不是你的问题。道理就是这么简单。既然你不可能取悦所有人，那么不如早点停止取悦他们。你越早能接受这一点，就能变得越好。

你要更加真实一些，做更真实的自己。有趣的是，这样一来，你会吸引更好的人向你靠近，并且你会知道，他们喜欢的是真实的你。这些人对你的成长至关重要。你要远离那些一直评判和批评你的人。

当你担心别人对你的看法时，你要记得：他们可能同时也在担心你对他们的看法。

有趣的是，你越是放松自己，越不在乎你在别人眼里的形象，你留给别人的印象可能就越好。只要放松地做自己就好。你会发现，这很有趣。

当你不会因为别人的看法而改变自己时，你的情绪和精神压力就会得到释放，你会感到更加自由，因为你不必小心翼翼地与别人相处，他们也无法控制你。

所以，别再被别人的想法左右了，你要把精力放在最重要的事情上：做最好的自己，别管别人说什么。

忍不住比较，你就错了

首先，千万不要养成这种毫无意义的习惯。你现在立马停止和别人比较，因为它很快就会使你感到不快乐。有一点你必须清楚：总有人在某些方面比你强，或者比你有钱，比你开更好的车，或者比你有更大的办公室，比你有更畅销的书，等等。你只要接受它，然后继续前进。

你唯一应该超越的人是昨天的自己。专注于自己的优势并在此基础上有所发挥。不要嫉妒别人的成功，而要学习他们身上有但你身上没有的优点，以此作为鼓励自己的动力。

拿自己和别人比较是没有意义的。比较的结果要么使你感到优越，要么使你感到自卑。但你并不比别人优秀，也不比任何人差。因为你和所有人一样，是独一无二的，你有自己独特的优势和弱点。

如果你真的忍不住想要和别人比较，那你或许应该减少使用社交媒体的时间了。研究结果表明，社交媒体是让人们产生羡慕、嫉妒心理的主要原因。因为我们在观看他人的优秀时刻的过程中，会不自觉地将自己与他们比较。这是行不通的。

我经常会在脸书（Facebook）上晒照片，如果你去访问我的主页，你会看到我在沙滩上工作、喝咖啡，还去美丽的地方旅行的记录。但是你可不要被表象蒙骗了，这些照片只是我一天中某个时刻的快照而已，大多数时间我可都待在家里工作呢。

时间有限，为自己而活

你的时间是有限的，所以不要浪费时间活在别人的生活里。不要被教条所困，那是在顺从别人的想法生活。不要让任何意见淹没了你内心的声音。最重要的是，要有勇气追随你的本心和直觉，它们知道你真正想成为什么样的人。其他任何事情都是次要的。

上面这段史蒂夫·乔布斯的至理名言已经说明了一切！你应该把生活过成你想要的样子，而不是别人期待的样子。如果你太在意其他人的看法，那你过的就不再是自己的生活，而是别人的生活。

听从内心的声音。做自己想做的事，而不一定要做那些别人都要做的事情。你要敢于与众不同！保罗·科埃略说过："如果你不像别人所期望的那样，他们就会不高兴。每个人似乎都很清楚别人应该如何过自己的生活，但对于自己应该怎样生活却一头雾水。"

逃避的问题，藏在未来面临的困境里

亨利·福特在很多年前曾说过："大多数人都把时间和精力浪费在了问题本身，而不是试着解决问题。"不要逃避问题，因为不管你怎么逃避，问题都会一直存在。

我来举一些例子。如果你和一个同事有了矛盾，但你不想面对矛盾，就换了工作，那你可能还会在新的公司和其他同事遇到同样的问题。恋爱也是一样的道理，如果你不停下来吸取之前的教训，真正解决问题，那你还可能在以后的每段恋爱关系中遇到同样的问题。

处理问题的最好方法是对问题负责、面对和解决问题，绝不是绕过不谈、琢磨是谁的责任。我知道这很难，但一旦解决了问题，你很快就会忘记它。如果你把问题看成挑战，看成学习和成长的机会，你会从中受益匪浅。有人甚至把问题当作自己的朋友和福气。人生不就是要面对一个接一个的问题吗？关键在于你如何面对问题、是否在解决问题的过程中学到了东西。只要你开始解决问题、吸取教训，生活就会变得更加轻松。

在大多数情况下，面对问题、解决问题往往要比逃避问题经历的痛苦少得多。所以，解决问题的方法不是"摆在那里"，而是要靠自己去面对、去解决。

　　仔细回顾自己生活中的问题吧，你会发现每个问题都有其积极的一面！尽管生意亏损，但如果你吸取了教训，可能会避免更大的损失；虽然被你的爱人抛弃，但后来你也许会遇到更适合的人。

　　当你的人生处于低谷时，不妨这么想：生活／上帝／宇宙给我出难题，是相信我能够解决这些问题。这样想你会好很多。

向他人寻求认可，会让你迷失自我

如果别人的认可对你非常重要，那么你就会让别人掌控你的生活。如果你过度在意别人的看法，那么他们就有机会影响你和你的情绪。你也会失去自由。如果得到别人的认可会让你感到舒服和开心，那如果别人对你不满，平白无故地批评你，你会怎么样呢？最糟糕的是，本来你想取悦所有人，但结果你一个人都取悦不了。这些场景很熟悉吧？

如果你需要别人的认可才能变得自信，才能感觉自己是一个完整的人，那么你就真的有问题了。这是因为，只要没有得到别人的认可，你就会觉得自己很糟糕。渴望得到别人的认可往往会让你感到焦虑、沮丧和难过，更糟糕的是，它会使你更容易受到别人的批评。

怎么才能避免过度渴望别人的认可呢？正确的解决方法是：努力提高自己的自尊，并且要明白，你唯一需要的认可就是你自己的认可，你只需要持续不断地精进，努力比昨天的自己更好。

要寻求内在的自我认同，而不是外界的认同。这样一来，沮丧、愤怒等情绪问题就会少很多。以平常心看待别人的看法，不用太重视，也不能太轻视，只是不要让这些看法影响自己的情绪和幸福感。

向他人寻求认可简直是在浪费时间。如果你太在意别人的目光，就会失去自我。

记住：你自己能够为你的生活做主。你只需对自己说："我已经很好了。"要接受真实的自己。你越能接受自己，就越不需要别人的认可。

最有趣的是，你越不需要别人的认可，就会收获越多。赶快试试吧！

优先满足自己的需求

拥有健康自尊的一个主要条件就是，优先满足自己的需求。这可能看起来很自私，但我们不要忘记，只有当我们自身处于最好的状态时，才能更好地去爱别人，才能更好地与朋友、家人、同事等人相处。

不要把自己当成"殉道者"。许多人劝我们尽可能满足他人的需要，即使我们会因此而一无所获，甚至失去曾经拥有的东西。很多人总是以讨好别人为借口，其实是想要逃避改变自己生活的责任。他们嘴上说着要把别人放在第一位，其实只是在自欺欺人。看起来高尚，但细细一想，这只是怯懦而已。选择忽视自己的需求，意味着把别人以及他们的需要看得比自己的需要还重要。这不过是逃避自己人生的一个好借口，因为我们缺乏面对和过好自己的生活的勇气。这是低自尊的表现。你可以试着观察一下，自己什么时候会想要先满足别人的需求。

没有人比你更重要。真正的自尊是接受他人的重要性，然后先满足自己的需求。因为对你来说，你的需求是最重要的，对别人来说，他们的需求也是最重要的。

想要改变世界，就先要改变自己。掌控自己的人生，先满足自己的需求，把其他的先放在一边。当自己的需求得到满足后，再去教别人如何实现他们的需求。

时间很宝贵，要和尊重你、爱你的人度过

想要提高自尊，就要仔细关注那些与你朝夕相处的人。你需要远离带给你负能量的人，多与积极向上的人交朋友。与帮助你发挥优势的人交往，远离贬低你的成就的人，放下总是伤害你的人。

那些在你身边的人既能够充当你的跳板，激励你、带给你勇气，帮助你采取正确的行动；但是，他们也同样可以把你拖下水，消耗你的能量，就像制动器一样阻碍你实现人生目标！如果你与消极的人在一起，久而久之，你也会变成一个消极而愤世嫉俗的人。

"你的水平，就是你最常接触的 5 个人的平均值。"这句话很有道理，我们要认真对待。科学已经反复证明，态度和情绪是会传染的。多花时间和那些激励你、相信你、给予你力量的人相处，把自己最好的一面展现出来。

有些人可能想说服你安于舒适圈，因为他们不喜欢冒险，害怕面对不确定性。因此，你要远离那些总是否定别人、指责、抱怨的人，他们总是评判别人、说别人的闲话，或者把一件事的坏处说个没完。不用管他们的意见，你要相信自己内心的声音。如

果身边的人跟你唱反调，你将很难有健康的自尊，很难取得成功。

可惜，这些负能量的人大多来自你的核心关系——你的家人和朋友。尽管有点难以接受，但你可以认真考虑远离那些贬低你、打击你的自信心、伤你自尊的人。哪怕和他们相处的时间少一点，或者暂时休息一会，你接受的负能量就会减少，你的自尊也能得到很大的提升。

当你不断成长，努力成为更好的自己时，负能量的人自然就会远离你，因为你已经满足不了他们的需要了。他们需要一个能分享他们负面情绪的人，如果你无法和他们分享，他们就会找别人。他们可能会说你变了，变得不再像以前那样了，甚至还会说你简直是疯了。这也许是个好迹象，因为许多成功的企业家都有这样的经历。

如果减少和负能量的人来往或休息一段时间不起作用，那你就应该认真问问自己，要不要再和他们来往。不过，这个决定只有你自己才能做。

人生苦短，你没有必要和那些不尊重自己、不爱自己的人相处。让他们离开你的生活吧，去交些新朋友。

你的关系让你更快乐，还是更无力

明智地选择每段关系，尤其是感情，这在很大程度上决定你以后能否成功。有人说"你是与你相处时间最多的5个人的平均值"，但其实你的水平要高于这些人的平均值。

人际关系是影响长期幸福的最重要因素。快乐的人都有一个共同点：拥有良好的人际关系。但人际关系也会产生负面影响：和充满负能量的人相处会严重伤害你的自尊和自信。

远离那些无法使你变得更好的人际关系，远离不在乎自己的人，远离充满负能量的人。人生苦短，不要把时间花在那些榨干你的快乐的人身上。虽然结束一段糟糕的关系往往比维持这段关系更需要勇气，但你可以做到。

有时，交不好的朋友还不如独处。不要在感到寂寞的时候开始一段关系，因为没有什么比在一段关系中感到孤独更糟糕了。有趣的是，当你对自己满意、不再需要靠一段关系来获得快乐时，好的关系很有可能就会出现在你面前。在那之前，你要学会和自己相处，做自己的朋友，和那些支持你、重视你的人在一起。不管友情还是爱情，都要以质量为先、宁缺毋滥。拒绝泛泛之交，建立高质量的人际关系。

《幸福方程式》的作者尼尔·帕斯理查在书中就提出了一个非常重要的观点：选择一个快乐的伴侣很重要，因为伴侣对你的幸福有着很大的影响。

他邀请我们看看自己与伴侣或配偶的恋爱关系，如实回答这几个问题：我们有多少时间是快乐的？有多少时间是不快乐的？又有多少时间是一个人快乐、另一个人不快乐的？

假设你有 80% 的时间是快乐的，你的伴侣也有 80% 的时间是快乐的，那么你们在一起时有 64% 的时间是快乐的。在这 64% 的美好时光里，生活是有趣而美好的，充满爱和幸福，你们俩都会很开心。不过，这也意味着你们在一起有 4% 的时间是郁闷而不快乐的。在这段糟糕而充满挑战的低谷期，你们的生活充满了争吵和挣扎。每段关系都会经历这样的时期，它会帮助你们成长。这也意味着有 32% 的时间，只有一个人是快乐的，而另一个人是不快乐的。在这三分之一的相处时间里，一个人的情绪会影响到另一个人，要么是积极的人帮助消极的人摆脱负面情绪，要么是消极的人让积极的人被负面情绪笼罩。这其实是可以争取的。

再来看看另一组数据。那些与不太快乐的伴侣一起生活的人可能都知道这一点。如果你在 80% 的时间里是快乐的，你的伴侣在 40% 的时间里是快乐的，那么你们在一起有 32% 的时间是快乐的，有 12% 的时间是不快乐的，但剩下 56% 的时间是可以争取的。在这超过一半的时间里，要么是你在帮伴侣摆脱负面情绪，要么是伴侣把你拖入负面情绪的深渊。你有 **80%** 的快乐时间，却要一直给别人加油打气，这太耗费你的精力了！所以，关键是要找一个幸福感至少和你相当的人。仔细想想，你的伴侣是让你更快乐，还是耗尽了你的快乐？

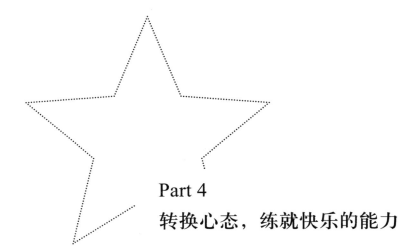

Part 4

转换心态，练就快乐的能力

成为利益发现者，专注积极事物

积极心理学认为，**40%** 的幸福取决于我们内在的活动，也包括我们的心态。决定我们人生的，从来都不是在我们身上发生了什么事，而是我们在面对那些事时选择的态度和做出的行动。是的，当糟糕的事情发生时，我们可以选择如何面对，可以选择做一个乐观主义者还是悲观主义者，选择做一个"利益发现者"还是一个"错误发现者"。

"利益发现者"专注于对自己有用的事，总能看到事物好的一面："生活给我们一个酸柠檬，我们可以加上糖，挤出柠檬汁"；他们能面对现实，同时也觉得奇迹无处不在。

而另一方面，"错误发现者"的生活一团糟，他们大部分时间内都感到痛苦。他们总是想很多没用的事，总是把事情想得很糟。他们把全部的注意力都集中在问题上，总是不停地抱怨，即便在天堂也能挑出瑕疵。成为一个错误发现者是很危险的，因为你可能会因此听天由命，觉得自己是环境的受害者，完全意识不到自己的生活是自己造成的。

不论找什么样的工作，他们总能遇到一个可怕的老板；不论和什么样的人相处，对方总是讨人厌、不贴心；不论去什么地方吃饭，服务总是很糟糕，或者食物太难吃。他们已经接受了这个现实，并且总是自己给自己添加痛苦。

但好在，我们可以通过训练我们的大脑专注于积极的事物，通过学习以积极的角度解释事物，成为一个"利益发现者"，接受自己所处的环境，然后尽可能地改善它。利益发现者的心态是"一切都会过去""一切都会好起来的""这些我都见识过了"。利益发现者允许自己失败，所以他们的感觉会更好，大部分时间都很快乐，情绪更积极，很少会感到焦虑。

怀有感恩之心是重塑大脑、成为利益发现者的最好方法。

接受别人的好意，传递双份快乐

你觉得自己很难接受别人的礼物吗？不要再这样认为了！你要做一位乐于、善于接受别人好意的人！学会快乐地接受礼物是十分重要的，只有这样，我们才能获得更多梦寐以求的东西！当你接受礼物时，千万不要说"哦，你没必要送我东西"，因为这样会破坏别人送礼物的快乐。

我们认真分析一下这样的行为。当你说"哦，其实我不太需要这个"的时候，内心是不是觉得自己"我配不上"或者"我不值得"？送礼物其实是别人的好意，是不需要评判的。不要破坏对方给予的快乐。因此，我们只要说"谢谢"就行了。

那么，我们就来一起练习"接受的技巧"吧！如果有人恭维你，你只要优雅地接受并说"谢谢，很高兴你这么认为！"，这样对方也会感到快乐！

如果你能设法减少下面这些与低自尊有关的行为，它将对你有很大的帮助，并会把你的自尊提升到一个全新的水平：

- 拒绝赞美。

- 轻视自己。

- 把属于自己的赞美"转赠"给他人。

- 不舍得买美好的东西，因为你觉得自己不值得。

- 从别人的好意中挑毛病。

享受生活中的小乐趣

在追逐生活的大乐趣时，也不要错过其中的小乐趣，享受身边美好的小事。不要等到中彩票或退休才开始享受生活。尽你所能去做有趣的事情，把每一天都当作生命的最后一天来过。

从现在起就开始快乐起来，多笑笑吧。就算你心情不好，也要多笑笑，因为这能给你的大脑发送积极的信号。如果你想要活得长寿、有份满意的工作、实现自我价值、拥有良好的人际关系、找到生活的平衡点，乐趣和幽默是必不可少的。所以，多笑一笑，能够找到很多乐趣。想一想，现在有什么事情能让你快乐？

你有一份满意的工作吗？你热爱你的工作吗？你有出色的孩子和很棒的父母吗？你生活在自由的社会里吗？

庆祝小成就，看到自己的进步

要想拥有健康的自尊，关键在于不断地看到自己的进步。偶尔停一停，回头看看你一路是怎么走来的，庆祝每一个小成就。不要觉得取得这些小成就是理所当然的，也不要对它们视而不见。

我的客户之所以取得了巨大的进步，是因为他们每周都会庆祝自己取得的小成就。你一开始可能会觉得这么做很蠢，其实这是很正常的。我们的大脑并不习惯这么做，因为它已经习惯了我们因为自己犯的一个错误而自责，而不会习惯因为自己一天做好了5件事而庆祝。慢慢来，学着庆祝获得的小成就，一切都会好起来的。哪怕你觉得这么做很愚蠢，也要把它当成一个好迹象着手去做。

你所完成的每一小步都值得庆祝。每完成这本书的一个练习，就给自己一些奖励：看一场电影，给自己买一直想要的东西，做自己喜欢的事情等。

如果你养成了好的习惯或得到了很大的提升，就奖励自己一次短途旅行吧！你绝对值得这些奖励！

培养乐观心态的小练习

　　对于关注的事物，我们总是能看到更多。装有一半水的杯子可以是半满的，也可以是半空的，取决于你如何看它。你越是能专注于事情积极的一面，如幸福、乐观和感恩，你就越能以积极的心态看待身边的事情，你的感觉就会越好、越想保持这种积极的心态，因此就会变得越来越乐观。

　　坏事总会发生，但最终决定你命运的是你自己选择关注的东西。维克多·弗兰克尔说过：即使最糟糕的情况，也总有积极的一面。看到积极的一面并不意味着就要脱离这个"现实世界"，也不是要忽视消极的东西。每个人都有积极与消极的情绪，这是不可避免的，重要的是你选择以什么样的心态去面对生活。只要期待积极的结果，它们就更有可能出现，因为我们的信念和期望变成了自我实现的预言。

　　试试做这两个简单的练习，学会看到事物积极的一面，发现更多机会：

　　1）每天列一个清单，记录工作和生活中发生的好事。

　　2）每晚睡前记住当天发生的3件好事。

　　这些练习看似简单，但是作用可不小！我之所以能取得成功、能发现处处都是机会，很大程度上要归功于这些练习。每天只需花 5 分钟时间练习，你就能更加专注个人和职业发展的可能性。抓住这些发展的可能，立即行动吧。

坚持练习 1 周，1 个月，3 个月，6 个月，你会感到更加快乐，也很少会沮丧了。就算停止了练习，你也会开心得多，情绪也更积极乐观。你会更善于发现世界的美好，并把它们记录下来。无论你在看哪里，你都能发现越来越多的机会。

在练习时，只要记录具体的事情就行，没必要搞得太复杂。往往记录些很简单的事情就可以，比如孩子的微笑、美味的食物、工作得到认可、大自然的美好时刻等。把它当成一种习惯，每天都在同一时间练习，并且确保自己记录的是很容易就能实现的事。

最后提醒一下：虚假的乐观主义并没有什么帮助，最终会导致希望幻灭，感到愤怒和绝望。你应该把自己训练成一个"现实的乐观主义者"。光有积极的想法是不够的，这只是成功的一个要素而已。你还必须成为一个有激情的、努力的乐观主义者。

感恩的奇妙力量

我达到成功的最重要因素是什么？是什么让我从无业游民逆袭成为畅销书作家？

那就是感恩。

感恩的力量是不可思议的！如果你从现在开始对一切都心存感激，那么就能在短短几周内发现，感恩其实能带来很多好处。科学证明，心存感激的人往往更快乐，更乐观，更善于社交；睡眠质量更好，很少会感到头痛，精力更旺盛；不太可能出现抑郁和焦虑，情商也更高。感恩也被证明是嫉妒、愤怒和怨恨的"解药"。

心存感激的人能重塑自己的大脑，看到身边更多积极的事物、更多的机会，能看到成功之门已经向自己打开。

让感恩成为一种习惯吧。无论是已经拥有的还是未曾得到的，都要心存感激，你会收获你生命中的一切。

我能理解，当你正在经历坎坷的时候，可能很难心存感激。但总有一些东西值得你去感恩，比如感恩你自己、你的身体、才华、朋友、家人或者大自然。从小处开始感恩吧。

在我失业的那段日子里，我感恩自己还能在阳光下喝咖啡，晚上还能睡个好觉，身边还能有朋友相伴。

与其每天抱怨自己没有的东西或害怕发生的事情，不如感激自己拥有的一切，专注于对自己有益的事情。

试试下面这两个练习，坚持三周，看看它们能起到什么作用：

1) 每天写下三件感恩的事情。

2) 列一个感恩清单，记下你生活中所有值得感恩的事情。

我的感恩清单包括我去过的地方、遇到的朋友、各种经历，甚至还包括与别人发生的不愉快经历，因为它们给了我学习和成长的机会。

你身边的环境，正在悄悄地改变你的生活

　　你所看到的以及有意识忽视的东西，都会对你的情绪、态度和行为产生深刻的影响。不过，你可以让自己"看到"自己在生活中是一个成功的人。科学家称其为"潜觉植入"或"条件制约"。意思就是说，别人或者你自己有意识地或下意识地在你的脑海中"植入"一颗种子、一种信念或一幅图画，并告诉你它们如何影响你的行为。

　　你可以借助语言和信念的力量，创造一个积极的环境，最大限度地提高你的自尊，从而把自己最好的一面展现出来。具体该怎么做呢？可以看看以下几个例子：

　　在家里或办公室创造一个特别的环境，用来摆放激励或提醒自己成功的事物，比如赢得的奖项、爱人的照片、在喜欢的地方拍的照片等。你还可以在办公桌上放你最喜欢的物品，比如旅游时的纪念品、最喜欢读的书等。多听听喜欢的音乐，多看看励志的视频。

　　那么，现在你应该知道潜觉植入或创造积极环境的好处了吧？假设你现在过得很艰难，只需要做这些事情，就能为自己创造一个积极的环境：听听积极的演讲或看看励志的视频；随身带

一本自己最喜欢的书，时不时翻出来读一读；在笔记本上写一些自己最喜欢的名言警句（比如面对恐惧的励志名言），每天拿出来读一读。我最喜欢的一句名言就是《面对恐惧，从容面对》里的这句话："你害怕进去的山洞也许就藏着你梦寐以求的宝藏。"当你情绪低落或遭遇失败时，读读"跌倒了，再爬起来"或"每次失败都蕴含着机会的种子"等句子。不过，你不仅要读这些鼓舞人心的励志名句，还要行动起来！你可以在工作的时候听听喜欢的音乐。听音乐是一种强大的幸福助推器。但要记住：通常来说，听欢快的音乐会感到开心，而听悲伤的音乐会感到悲伤。

试着创造一个积极的环境吧，它会提高你的自尊，增强你的幸福感，帮助你有更好的表现。

运气只是心态与期待的幌子

我们来聊一聊"运气"。有些人只是运气好吗？为什么有的人似乎总是很幸运，有的人却一直很倒霉？关于运气，我们可以做些什么吗？还是干脆不用管它？在这里，我想说一说：为什么我要在这本关于自尊的书中谈论运气？这是因为，当你觉得自己被不好的运气困扰时，你就不可能建立健康的自尊。

理查德·怀斯曼为写《幸运因素》研究了数百人，得出了以下结论："科学证明，世上根本就不存在像运气这样的东西。只不过有人认为自己运气好，有人则认为自己运气差；有人期望有好事发生，有人则等待坏事的降临。"

那么，怀斯曼是怎么得出这个结论的？在一次研究中，他给每个受试者都发了一份报纸，让他们数一数报纸里有多少张照片。认为自己运气差的人平均花了两分钟的时间来数照片，而认为自己运气好的人平均只花了几秒钟。为什么会这样？因为报纸第二页有这样一条信息："别数了，这份报纸里有43张照片。"这条信息是用超过两英寸高的字体来书写的，占了大半个页面。它正对着每个人的脸，但是"运气不好"的人总是错过，而"走运"的人却能一眼瞧见。

不仅如此，报纸中还隐含了另外一条信息，同样用很大的字号书写："别数了，赶紧去找实验人员要 250 美元。"这次，"运气差"的人再次错失了机会，因为他们在埋头消极地数照片，没有看到那个明显的信息，结果表现得很糟糕。

怀斯曼在研究中发现，"幸运的人"有 4 个明显的特征：

1. 幸运的人总是能够创造、发现并把握生活中的机遇。他们建立了强大的"运气网"，能够从容地去面对生活，勇于尝试新体验。

2. 幸运的人总是能凭借直觉和预感做出正确的决定。他们追随内心的直觉，通过练习不断增强自己的直觉。

3. 幸运的人总是对未来充满期待，这能帮助他们实现梦想和抱负。他们期待自己的好运在未来能持续下去；即使成功的机会很渺茫，仍然试图达成目标；面对失败，坚持不懈、不气馁；期待自己与他人的交流会带来好运和成功。

4. 幸运的人关注坏运气的积极面，总是能够把自己的坏运气转化成好运气。他们相信，从长远来看，自己一生中的任何不幸遭遇都是最好的结果；他们不沉溺于自己的不幸，而是采取有效的措施，阻止未来出现更多的坏运气。

是的，一个人是幸运还是倒霉，完全取决于自己的期待和心态。当你陷入消极情绪之中时，你的大脑就无法注意到机会。如果你保持乐观的心态，你就会敞开心扉，就能看到机会，并抓住机会。正是我们的期望创造了我们的现实生活：我们要对未来有积极正面的期望，因为我们相信什么，就会有什么事情发生在自己身上。

乐观还是悲观，你需要注意这些

没有人天生就是乐观主义者或悲观主义者，这不是由基因决定的。有的人生来就更快乐，有的人生来就不那么快乐。判断你是乐观主义者还是悲观主义者的关键在于，你如何解释一件事。

你怎么看待发生在自己身上的事情？这些事是永久的（"我永远都不能……"）还是暂时的（"我离成功又近了一步"）？

你是觉得失败就是一场灾难，然后放弃，还是把失败看作成功的铺路石？

好的一点是，乐观可以通过学习获得，学会像乐观主义者一样解释事件，能够帮助人取得更高的成就。它还能加强人的生物和心理免疫系统。而且，懂得以更积极的方式解释事物的人寿命更长。不过，这并不是说悲观主义者都寿命不长，乐观主义者就一定长寿，因为还有许多其他因素影响寿命。如果你天天抽 40 支烟，就算你是个乐天派，那它也不可能帮你延长寿命。

此外，还有一件非常重要的事情需要注意：虚假的乐观主义迟早会导致幻灭、愤怒和绝望。我们要训练自己做个"现实的乐观主义者"。想要成功，光有积极的想法是不够的，你还必须有激情，并足够努力。

父母往往很关心我们的幸福和自尊。他们总是让我们不要抱有过高的期望，因为这样会更容易失望，但这种想法是完全错误的。相反，错误的期望才会导致失望。

错误的期望就是指一件事情能够左右我们的心情。这种期望是不对的。科学发现，每个人生来都有一个基本的幸福水平，当遇到各种事情时，幸福水平难免会起起伏伏，但重要的是你怎样面对。如果你没有回避问题，而是积极应对、不怕冒险、勇于尝试，你的基础幸福水平就会提升。

做一个乐观的人吧，乐观的人更健康！

保持微笑，为身体和生活赋能

从现在开始，多笑一笑。调查数据显示，4~6岁的小朋友每天微笑300~400次，而成年人每天只微笑15次。这是因为，我们成年人把生活看得太严肃了。

再苦也要笑一笑！微笑不仅可以改善你的生活质量、身体素质和人际关系，还能提升你的自尊。当你微笑时，你的身体会产生血清素和内啡肽等"快乐的荷尔蒙"。微笑还能增强身体免疫力，降低血压，提高大脑清晰度。它还能使你的人生观变得更加积极。当你微笑时，你的全身上下都散发着"生活很美好"的气息，让你看起来更加可信任、更有自信，大家都会喜欢和你相处。

科学证明，经常开怀大笑或微笑可以改善人的精神状态，提高创造力！所以，请开怀大笑吧！我强烈建议你每天花几分钟时间看看油管（YouTube）上的搞笑视频和喜剧，你会开怀大笑，甚至笑出眼泪。一旦养成这个习惯，你整个人就会感觉舒服多了，时刻保持着充沛的精力，做事也会更有效率。那么，你是否想跃跃欲试呢？

堪萨斯大学的塔拉·克拉夫特与莎拉·普雷斯曼的一项研究表明，微笑可以改变你在困难情况下的压力反应。研究结果表明，即使你并不高兴，微笑也可以减缓心率，从而降低压力水平。微笑会向你的大脑发出一个信号，表明一切顺利。因此，当下一次你再遇到压力、被困难压得透不过气时，尝试笑一笑吧，我相信你能体会到它的神奇力量！

不过，有时候我们真的找不到微笑的理由。如果你实在笑不出来的话，请用牙齿咬紧一支笔或筷子吧！这样的动作模拟了微笑，并在你的大脑中产生了与一个真正的微笑相同的效果！大脑觉得你很快乐，就会释放"快乐荷尔蒙"，你就会变得更快乐。当然，这不是让你假笑或压制悲伤。试试这些小技巧，它们能够为你排忧解难。

如果你还需要更多的微笑激励措施，不妨搜索一下韦恩州立大学关于微笑与寿命的研究。

保持微笑！

一个小妙招，学会宠爱自己

提高自尊的一个简单有效的方法就是好好对待自己、宠爱自己。只有改变了你对待自己的方式，才有可能改变别人对待你的方式。

首先，发挥你的想象力，在清单上写下15件宠爱自己的事。比如，花点时间独处，读一本好书，做按摩，亲近大自然，看日出，在河边坐一会儿，陪爱人散步，给朋友打电话，听自己喜欢的音乐，泡个热水澡，做水疗，去喝酒，晚上在家看电影，去市区里最好的酒店或餐厅吃早餐……

这真的很棒。只要你善待自己，坚持做这些练习，你的自尊就会奇迹般地提高。

所以，按照我说的做吧！把你想要做的事情全部列出来，然后在接下来的两周里，每天做一件事，或者至少每两天做一件事。当然，你也要留点时间做其他的事情。

快乐来自你的选择

快乐是一种选择，而自我设限是快乐最大的障碍，比如觉得自己不值得拥有快乐。

如果你觉得自己不值得拥有快乐，那么你也会觉得自己不值得拥有美好的事物。而不拥有那些能够使自己开心的东西，恰恰注定你无法获得快乐。别担心，你可以学着让自己更快乐。

科学证明，快乐是一种主动的选择。你越关注快乐，就能获得越多的快乐。选择快乐，就会得到快乐。多关注身边美好的事物，经常笑一笑，感激你所拥有的一切，每天冥想 5 分钟，每周跑步 3 次，每次 30 分钟。这些练习会使你更快乐。

极度快乐的人和极度不快乐的人之间的区别，并不在于一个会伤心、难过、焦虑或抑郁，而另一个不会有这些感受，而在于我们从这些痛苦的情绪中恢复过来的速度。快乐不是我们想要的时候就会有的，它是一种选择，但也需要努力。随着时间的推移，我们慢慢就能养成乐观和快乐的小习惯。

不要等待别人给你快乐，因为你可能永远都等不来。没有任何人、任何环境能使你快乐，能够使你快乐的只有你自己。

快乐是一种内心的工作。你快不快乐，外在环境只决定

10%，而你的心态与行为决定了剩余的90%！科学研究证明，50%的快乐是天生的，由基因决定；10%的快乐由外部的环境决定；剩下40%的快乐则由我们的思维和行为决定，需要通过学习和练习获得——快乐的秘密就在于这40%。虽然有人生来就比别人更快乐，但只要你坚持做这些练习，哪怕你生来就不快乐，你也会比那些生来就快乐但从不练习的人更快乐。这些研究的共同之处是，都说明外部环境对我们的快乐影响很小。而我们往往会觉得环境对快乐有很大的影响。

要为真实的自己感到高兴。有趣的是，当你不再追求快乐时，你就会快乐。享受每一刻吧。只要足够相信，奇迹和机会就一定会发生。你关注什么，就会得到什么。多关注机遇、美好和快乐，就能创造属于自己的快乐。

原来日记的作用这么强大

想要迅速提升自尊吗？那就开始写日记吧。它不仅能提高自尊，还会让你变得更快乐、更成功。坚持写日记，记录自己的生活，就能够让这种奇迹发生。

在一天要结束的时候，花点时间回忆一下自己这一天里哪些事情做得好，从不同角度多想想，重温快乐时光，把这些内容都写进日记里。

如果你经常这样做，那么在每一个清晨与夜晚，你都会更加快乐、更有动力、更有自尊。每天晚上睡觉前，经常想积极向上的事情，也有助于利用潜意识改善睡眠质量。

你要把注意力集中在一天之中积极的事情和感恩上，而不是那些糟糕的事上，否则你晚上可能会失眠。

每天晚上睡觉前尝试回答下面的问题，并把答案记录在你的日记中：

- 今天我最值得感恩的事情是什么？（写 3~5 点）
- 今天哪 3 件事情最值得我高兴？

  今天我做得最好的 3 件事情是什么？
- 我今天怎么才能做得更好？

  我明天最重要的目标是什么？

不要太快就放弃练习。一开始练习时，可能会有点困难，但请不要担心，通过练习，你的日记会越写越好。如果不知道写什么，什么都想不出来，再坚持五分钟吧！想到什么就写什么，不用做出任何评判。不要怀疑自己的风格，也不要害怕犯错。随心写吧！每天坚持练习，一个月后，你就能感觉到变化了。

写日记可以提升注意力，降低压力。研究发现，写日记对健康有很大的好处。新西兰奥克兰大学心理医学系 2013 年的一项研究甚至发现，坚持写日记能加快伤口愈合的速度！写日记的人伤口愈合的速度至少要比不写日记的人快 75%。研究进一步表明，写日记的人缺勤次数更少，失业后能更快地找到工作，GPA（平均绩点）的成绩也更高。

想一想，那些每天花 15 分钟写日记的人，伤口愈合的速度更快，身体的免疫系统改善了，GPA 提高了。如果世上真有这种神奇的药丸，我想很快就会被抢购一空。

把事情都写下来，可以有一个更加全面的视角。这个过程能够帮你系统地梳理自己的想法和感受，最终会渡过难关。你的睡眠质量能改善，感觉更舒服，想法更积极，社交生活也更加丰富。所有的这些都会增强你的免疫力，让身体更健康。

改变看待事物的态度，能够改变你的行为

事情本没有好坏，全由我们的想法决定。所有的情况首先都是中立的，然后我们会判断它是好还是坏。经验本身也是中性的，直到我们开始给它赋予意义。

一种情况之所以是糟糕的，只是因为我们认为它糟糕，不管是对还是错，我们都能找出一大堆理由来证明自己的想法。反过来也是如此。如果我们决定从积极的角度来看待情况，就会找到证据来支撑这种信念。记住：对于你所关注的东西，你总是能看到更多。你所关注的一切，就是你所看到的世界。

你应该学习重新解读情况。训练自己寻找事物积极的一面，你就会有更多的可能来看到它带给你的积极影响。每个消极的事物都隐藏着美好的一面——尽管有时你可能需要一些时间才能发现它。

你的生活中发生了什么并不重要，重要的是你如何面对它，这才组成了你的生活。人生是由一连串的时刻组成的，有幸福的时刻，也有悲伤的时刻，这取决于你如何充分利用其中的每一个时刻。如果你回顾生活中的每一次不好的经历，你一定能从中看到好的一面。如果你遇到糟糕情况时总是往好的一面想，你的

生活就会发生巨大的变化！

　　想要保持健康的自尊，最重要的是要拥有积极乐观的态度，凡事都往好处想。当你有意识地专注于积极的一面时，你就可以掌控自己的人生，也就不会再把自己当成受害者了。

　　你的态度能极大地改变你看待事物的方式，也能改变你应对事物的方式。人生充满欢笑，也充满泪水；充满光明，也难免会有黑暗与阴影。我们必须接受不开心的时刻，以积极的方式看待问题。我们应该相信，那些发生在我们身上的事情本来就是一种挑战，但也是一种机遇。

多做善事，对生活的感受更积极

你对待别人的善意，最终都会成全自己。无数研究证明，帮助别人能提高自尊和幸福感。有人说金钱买不来快乐，但实际上，把钱花在别人身上或某种人生体验上更能让你感到快乐。你可以对身边的陌生人友好一点，让世界变得更美好。

想想你可以为别人做点什么。你可以在火车上给别人让座，帮别人开门，替后面的汽车交停车费，乘坐飞机时替别人存放手提行李，经常微笑等。记住这句话："善有善报，恶有恶报"。

每天做一件善事，一段时间后你会发现，别人也会对你很友善。难以做到的是，要无私地付出，而不期待任何回报。

我们要养成无私的习惯，要感恩，要善待别人，要真诚地说声"谢谢"。长时间这样做，你会产生良好的感受。

改变世界，从改变自己开始！从今天起，每天至少做一个不经意的善举，对别人的生活产生积极而显著的影响，这样你的自尊就会飙升。

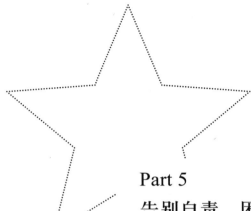

Part 5
告别自责，困境是成长的必经之路

你的关注点决定你的人生

你所关注的东西能够扩展你的人生。有些人之所以得不到自己想要的东西，首要原因是不知道自己想要什么，其次是因为就算知道自己想要什么，他们还是会关注自己不想要的东西。

所以，从现在开始就专注于你想要的东西。当你把焦点放在别人的优点上时，你就会发现他们更多的优点；当你只关注别人的缺点时，你就会觉得他们浑身上下都是缺点。这一规律同样适用于你自身。

那么，你的关注点在哪里？你是关注积极的方面，还是消极的方面？你关注过去还是现在？你是关注问题本身，还是解决方案？这一点很重要！吸引力法则确实存在，但是大多数人都把它用错了地方，只好放弃。他们嘴上说着"我知道怎么赚钱""我很有钱"，但大部分时间却盯着付不起的账单和花出去的钱，总觉得自己赚的钱太少。结果，他们吸引了更多自己不想要的东西。

你会吸引到你所关注的东西。你关注什么，你的能量就会往哪个方向流动；你所关注的一切，决定了你对世界的整体看法。关注机会，你就会看到更多的机会；关注成功，你就会成功；专注于提高你的自尊，你的自尊就能增强。

练习关注自己的优势

如果你经常和"有毒"的人相处，那他们难免会忍不住指出你的缺点。不用理会他们。虽然意识到自己的缺点是好事，但我们自己知道就好了，不需要任何人来提醒。我们还是应该多关注自己的优势，因为我们关注什么，就会看到什么。我猜，你应该更能看到自己的优势吧？

想想自己有哪些优势，并将优势写下来。准备好了吗？我们开始吧。

- 请列出5个自己最优秀的个人品质和最突出的专业优势。

（你的独特优势是什么？你最为自己自豪的地方有哪些？你什么事做得最好？）

- 请列举自己在工作和生活上最突出的成就。

（你最为自己哪方面的成就感到高兴和自豪？）

- 请列举自己在生活和工作上拥有的资源。

（你认识哪些人？你都掌握了什么？你有哪些天赋？是什么让你变得独特而强大？）

准备好了吗？现在感觉如何？你找到自己的优势了吗？现在你需要通过练习和专注强化自己的优势，包括你想具备的和你已经拥有的优势。

对现在的工作不满意，怎么办

我们大部分的时间都在工作。盖洛普《全球工作场所状况》2013 年年度报告指出，70% 的人对自己的工作不满意。确切地说，70% 的人在工作的时候是不快乐的。

如果你也对工作不满意，通常早上你会赖床，多次按闹钟上的"打盹"按钮，并尽可能晚起床。一到上班时间，就感觉时间过得很慢，很难面对枯燥的工作内容，总感觉度日如年。然后，你会找借口安慰自己："其实已经很不错了，换家单位可能还不如现在呢。"你每天都在盼着发薪水，盼着周末和节假日。

在这种情况下，你有三种选择：

1. 继续做这份工作。但你会更加痛苦、难过、不快乐。

2. 换一份工作。现在的工作状态简直就是浪费生命，没有任何意义。也许你现在不能换工作，因为你要养家，还有待还的贷款和账单。但你可以一边工作，一边制订计划、寻找合适的工作机会。决定好自己想要什么，并设定现实的目标，把大目标分解成一个个小目标，然后一步一步地努力达成目标。多做一些你喜欢的事。另外，职业辅导会对你有很大帮助。

3. 换个角度看待工作，找到工作的意义。工作有没有意义并不取决于你做什么工作，而取决于你怎么看待自己的工作。一份工作总有积极的一面，但那些精疲力竭的人总是看不到它。你要记住，怎么看待自己的工作，都是你自己的选择。

当你热爱自己的工作时，你就能从中获益：如果你很享受自己的工作，你就会更快乐，工作也会更高效，这样一来，公司的业绩就能提升，你身边的人也会更加快乐，你的客户也能享受到更完美的产品或服务。

掌握新技能，小变化也能带来大成就

　　每月至少学习一项新技能。尝试做一些不同的活动，挖掘自己的潜在能力。不过，不一定非要做大项目，只需从小事做起。比如，每天学习一个新单词，控制预算，学做一道新的菜等。通过学习新事物，你会变得更加自信。

　　只要你学会了一项新的技能，它就能在必要的场合派上用场。这与你的自尊有很大的关系！首先，你的命运掌握在自己手中，而不能依靠他人。其次，学会那些你以前认为自己学不会的技能，并将其付诸实践，你就更能体会到自己的能力、才华和价值，而这些要素是自尊极其重要的组成部分。随着这些要素的增强，你的自尊也会提升。这些因素同样会加强你对自己生活的掌控感，而这是自尊的另一个重要组成部分。你掌握的东西越多，你就越能控制自己的生活，而不必依靠任何人。

　　让人出乎意料的是，做小事往往也能带来大的成就。在一项对"最幸运的人"的研究中，研究者发现，他们每天都会尝试新事物，而这些微小的变化会产生巨大的变化和"机遇"。所以，你也来试试吧！

不断改进，终身成长

学习是一件终身的事情。永远都不要停止学习，努力把自己变得更好。提高自尊的一个最好方法就是努力发挥自己的优势，并不断完善自己的缺点。在这个过程中，你要先审视自己的内心，问问自己想改变什么、想得到什么。然后开始设定现实的目标，通过达成目标来提升你的能力。

如果你不会常常惩罚自己，就可以给自己设定一个远大的目标。如果实现了目标，那当然很好；即使没有实现目标，也没有关系，因为你已经在这条路上走了很远，应该为自己庆祝一番，然后再继续追求目标。如果你因为没有达到目标而自我折磨，那么最好设定更小的目标，然后制订计划，并跟踪目标实现的进展情况。

不断改进、不断学习、爱问问题正是成功的人和普通人的一个区别，另一个区别在于，成功的人都很自信。

不断改进，你会收获满满！

回答这 10 个问题，找到你的人生目标

马克·吐温曾说："人生最重要的两天就是你出生的那天和你明白自己为什么出生的那天。"他说得很对。

你的人生目标是什么？你为什么会在现在的地方？如果保证你一定能成功，你会怎么做？如果你有 1000 万元，有 7 栋房子，并且去过所有最想去的地方，你会怎么做？

回答完这 4 个问题，你就能知道自己人生的目标了。

如果你出现了以下情况，就说明你还没有找到自己的目标：如果开车时没有地图、GPS（全球定位系统），就不知道该往哪里走；从来都不清楚自己在现在的地方做什么，为什么要做这个；感到失落和空虚。其实，你在心里已经知道自己的人生目标了，但你却说："没有办法，我是谁，我要做什么……"

很多人都和你一样。在我们这个时代，缺乏人生目标似乎已经成了一种通病。我也有过这样的经历。但不必担心，只要认清自己的问题和状态，你就能马上找到自己的人生目标！

通过观察自己的价值观、个人技能、兴趣爱好、志向以及擅长的事情，你就能找到自己的人生目标，因为这些是目标的来源。以下这 10 个问题能帮助你更好地确定自己的人生目标。大胆

真诚地回答下面的问题，并把答案记录下来吧！

- 我是谁？

- 我为什么要在这里？

- 什么能激励我不断前进？

- 我为什么活着？

- 我应该如何过好自己的人生？

- 在什么时候，我会觉得自己活得很充实？

- 随着时间的流逝，我能做些什么？

- 我最大的优势是什么？

- 我人生的目标是什么？

- 如果我拥有 1000 万美元、7 栋房子，在周游自己喜爱的
地方之后，我的人生追求是什么？

你不用担心，也不需要有压力。你不必急着尝试新事物，但
可以开始做一些自己喜欢的事情。当你有了人生目标时，身边的
一切都会开始好起来，不可思议的事情会发生在你身上。你自然
而然就会吸引到别人，吸引到机会和资源。没有什么比做自己喜
欢做的事更能吸引成功了。

允许犯错，让错误变成成长的资源

想知道不再犯错的秘籍吗？我也想知道！可惜的是，这样的秘籍根本就不存在。

犯错是不可避免的，在你的人生旅途中，你会时不时地犯错误，这对你来说是件好事。错误有大有小，有的甚至会让你感到痛苦。但即使在人生最黑暗的时候，我们也必须记住，错误对我们自己的成长非常重要，我们能从错误中学到东西。

如果能从错误中学习，那错误就会变成我们发展的宝贵资源。每犯一个错误，你就排除了一个错误答案，也就离找到正确答案又近了一步。这就像托马斯·爱迪生找到了一万种灯泡不能工作的方法，贝比·鲁斯每一次挥棒落空都让他更接近下一个全垒打。

允许自己犯错，你便能全方面地提升自己，也会大大增加实现目标、成功和幸福的机会。

当你想放弃时，你就快要成功了

在培养健康自尊的过程中，难免会遇到一些阻碍，你可能会不止一次想要放弃，然后回到以前的生活方式中。千万不要放弃！

它很重要：哪怕面对阻力，你也要相信自己。在实现重大的突破之前，你的生活往往会变得十分糟糕。这些经历仿佛就是生活、上帝、宇宙或你自己对你的最后一次考验，想看看你是否能认真对待自己的目标。我辅导的客户在成功开发新客户、加薪、找到工作、取得巨大突破等之前，大多都经历过"最糟糕的一周"。

在通常的情况下，当你感觉做什么都不顺的时候，当你因怀疑和恐惧而想要退却的时候，当你几乎要放弃的时候，其实那正是你离成功最近的时刻。在这个时候，你只要再朝着自己的目标前进就行了。不过你要重视这最后的努力，因为它将决定你是走向失败还是成功。

你听说过挖金子的故事吗？有一个人挖黄金，挖了10米深就放弃了；后来另一个人在他的基础上只挖了半米深，就发现了金子。类似的故事还有很多，都是在告诉我们，不要半途而废，或许你就快要成功了。

122

托马斯·爱迪生是美国历史上最伟大的发明家之一，他给我们分享了自己成功的经验："保证成功的要诀就是永远都要再多试一次。"玛丽·安妮·拉德马赫说过："勇气并不总是以咆哮的形式表达出来的。有时候，勇气是当一天快结束的时候说一句'明天我再试一次'。"当你想放弃时，想想爱迪生和拉德马赫的话吧。

不要放弃！

失败是一个谎言

你是怎样学会走路、吃饭、画画的，你还记得吗？

在一次又一次的摔倒和尝试中，你学会了走路。不摔个几百次，你不可能学会走路。还记得你是怎么学会吃饭的吗？你也是通过不断的练习才学会的。

我们小时候其实很享受学习的喜悦，享受跌倒后再爬起来的乐趣。但是当我们到了一定的年龄以后，总是会在意别人的目光，这种乐趣也就消失了。突然间，我们变得想要保持自己的形象，开始回避问题，不愿尝试："万一我摔倒了怎么办？""如果她拒绝怎么办？""我不要和同学分享经历，万一有人不喜欢怎么办？"而我们也为此付出了代价，我们开始逃避问题而不是应对问题，这会影响我们的自尊、信心、乐观精神和长期的快乐指数。

请记住我们是如何学习的：跌倒了再爬起来，失败了从头再来。这别无他法。成长没有捷径，学习也没有捷径，变得乐观、快乐、成功更没有捷径。这就是一个尝试和失败，然后再尝试、再失败的不断重复的过程。你要接受自己的错误，并从中学习经验。

正如哈佛大学心理学教授泰勒·本·沙哈尔所说："学会失

败，从失败中学习。"

你必须接受自己偶尔会失败。你可以失败很多次！但不要误解我的意思，我是说这是一场"数字游戏"，失败的次数越多，离成功也就越近。历史上最好的棒球运动员之一贝比·鲁斯说过："每一次挥棒落空都让我更接近下一个全垒打。"

失败的正确对待方式，是充分地利用它

换个角度看待自己的人生和走过的每一步，尤其是换种方式对待错误。害怕犯错是一个人最大的错误。

我得警告你，这不是让你逃避失败的痛苦，因为它是无法避免的。我希望你能获得一种更理性、更有用、更有力的方法去犯错误。

记住，每一次失败和犯错都是一次自我成长的机会，都能给你信息和动力。你犯的每一个错误，只要能从中学习，都将变成你成功的垫脚石。只有当你拒绝从错误中学习时，错误才是问题。不要因为自己犯错而惩罚、折磨自己，也不要觉得自己很愚蠢。从错误中学习，然后继续前进。不要觉得自己总会做出错误的决定，这只会让你感到不安，并增加再次犯错的可能性。

当你犯错时，反而应该善待自己。错误已经发生了，你要做的就是吸取教训，避免再犯同样的错误。就这么简单。做好犯错的准备，也要做好最坏的打算："万一……，怎么办？"假设在最坏的情况下，你犯了错误，但是从中学到了很多。尽管犯错会让你痛苦，但你还是会再次充满活力。

最后我来讲个故事。不知道是 IBM（国际商用机器公司）还是美国西南航空公司，有一位员工犯了一个战略性错误，给公司造成了 100 万美元的损失。第二天他向老板递了辞职信。老板问他为什么要辞职，他说道："我昨天犯了一个错误，让公司损失了 100 万美元。"老板却说："我不接受你的辞职。我刚为你的教育投入了 100 万美元，现在让我炒了你？这是不可能的！"

充分利用发生在你身上的事情，把每一次错误都看成是学习的机会和成长的垫脚石。

遇到困难时，尝试改变自己的心态和行为

　　好人也会遇到坏事，这是人生的一部分，我们必须学会接受。即使是世界上最快乐的人，也会有悲伤、愤怒或失望等负面情绪。但你可以选择把糟糕的经历仅仅看成可怕的东西、灾难和痛苦，或者找出这段经历中所包含的教训，并吸取教训，促进自我发展，将它发挥到最好。

　　经历过悲伤，你应该更加享受快乐的时光，更加感激生活中的一切。

　　克服困难可以加强你的自尊心和自信心。下次再遇到糟糕的经历时，你已经知道自己会恢复，还会比以前更加强大，因为你以前就是这么克服困难的。只要能正确吸取教训，苦难也会让你变得更谦虚、更有耐心、更有同情心、更乐观，甚至更快乐。即使是最幸福的人，也往往有自己的伤心事。

　　历史上有很多人，尽管他们遭遇了可怕的事情，但却能绝处逢生，最终都在人类的历史长河中留下了自己的足迹。犹太裔心理学家维克多·弗兰克尔根据自己在纳粹集中营时的可怕经历，悟出了这样一个道理："有一样东西是不能从人的手中夺去的，那就是最宝贵的自由，人们一直拥有在任何环境中选择自己的态

度和行为方式的自由。"

当生活扔给你一个曲线球时，要记住痛楚难以避免，而磨难可以选择。

当你开始学习，就不会责怪自己犯错了

为什么我们的错误会给自己带来很大的伤害？为什么我们总是因为自己犯的错误自责？为什么我们会因为无法预知的错误自责？为什么我们要为自己无法解决的问题感到内疚？

不要自我毁灭、自我削弱，否则你的自尊会受到毒害。

错误是不可避免的。一旦你犯了错误，责怪自己是完全没有用的，因为你无论如何也不能改变它。只要从错误中吸取教训就够了。一旦你开始从错误中学习，就不会再想责怪自己了。

尽管我常常会犯错或做出错误的决定，但我不会因此而自责、变得消极，我会告诉自己："考虑到当时的情况和我所掌握的信息，这已经是我当时能做的最好的决定了。"我们常常做"事后诸葛亮"，但实际上我们往往还不清楚全部的情况，就得做出决定。

这种做法能够帮助我接受自己的错误，并从中学习。你也试试吧，看看它是否对你有效。

远离别人的看法，找回属于自己的自由

生活中，很多人都过于在意别人的看法。有两个最严重的问题困扰着我们："别人会怎么看我们？"和"其他人会怎么说？"这种困扰可能源于我们的父母、学校和社会。

如果没有这些问题，你的生活会怎样？老实说，你可能会过得比现在好多了。我遇到过很多人，仅仅因为这两个问题，他们经历着糟糕的人际关系，或做着糟糕的工作，或陷在糟糕的关系或工作中无法脱身。

这是怎么回事？因为我们太在乎别人的看法了，就会按照别人的想法生活，而不是过自己想过的生活。我们做别人想让我们做的事，而不是自己想做的事。有些事，我们不是因为自己喜欢才去做，只是想得到别人的肯定。

我们越是重视别人的看法，就会放弃越多的自由，也就越不能按照自己的意愿生活。我们越来越不能做自己想做的事，越来越不能说自己想说的话，甚至很少去想自己想要做的事。于是，我们不可避免地要为此付出代价。

过于在意别人的看法是不可能有健康的自尊的。更糟糕的是，自尊还会越来越弱，因为我们会觉得自己不如别人。

最重要的是，要找回属于自己的自由，不再依靠别人的意见。这样的生活很棒，你会喜欢的。

如何正面应对批评

还记得前面我们讲到的"怎么让批评的人闭嘴"吗？你对待批评的态度，其实最能反映你的自尊水平。你有没有发现，当你对自己很满意时，别人的批评很少会影响到你？反过来说，如果你的自尊有点低，就更有可能对别人的批评意见敏感，并把它看作人身攻击。

面对批评，不要逃避。哪怕是建设性的批评，也会有点伤人，但这没关系。当我开始写一本书时，我也没有足够的自信，对批评非常敏感，所以我只把样稿发给那些我知道会给我良好反馈的人。后来，我更能接受别人的批评，把批评看成一种反馈，这样我在写下一本书的时候就能做得更好。

因此，当别人给你诚实的、建设性的批评时，要把它当作一种反馈，并从中学习。另外你要知道，批评你做的事情并不等于批评你这个人。如果别人说你的坏话只是为了攻击你，那就一笑置之。对批评你的人最好的反击就是微笑。

再回头看看"怎么让批评的人闭嘴"这一节的内容吧。

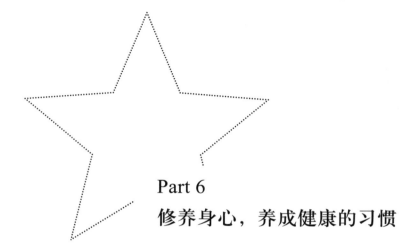

Part 6
修养身心，养成健康的习惯

享受独处，早晨多做这些事

独处的时间很重要。让自己养成每天至少半小时独处的习惯吧。这是属于你的时间，你可以做任何你喜欢做的事情。我建议你每天都做做晨间仪式，可以写写日记、制订一天的计划、读书、做冥想。研究发现，成功人士大多在早晨都有这些晨间习惯。

你可以进行以下晨间仪式：

- 早上 5 点 30 分起床
- 20 分钟步行或跑步
- 5 分钟感恩
- 5 分钟冥想
- 20 分钟看书
- 5 分钟写日记

这样的晨间仪式将改变你的生活，你的自尊会上升一个台阶，还能获得幸福和成功。在本书结尾，我还引用了我另一本书《出众，从改变习惯开始》中的一节内容，它更详细地描述了晨间仪式。

我们总是把注意力放在工作、家人和朋友上，却经常忽略自己。尽管这样做对他人很好，但却犯了个非常严重的错误。想要保持健康的自尊，重要的是要好好照顾自己，不要忘记，我们自己的需要和愿望也需要照顾。我们必须每天都抽出一点"自我享受的时间"。

想要健康生活，尝试几个小方法

如果你问别人，生活中最重要的事情是什么，大多数人都会回答"健康"。然而，许多人都喝酒、吸烟、吃垃圾食品，甚至吸毒，休息时间总是坐着不动，从来不锻炼。这真是讽刺啊！

你离健康的生活只差一个决定的距离。现在就决定活得更健康！保持均衡的饮食，经常运动，保持或改善身材，这样你的大脑就有了产生积极生活方式所需的营养了。

照顾好自己的身体，因为如果身体不舒服，脑子就不会正常工作了。以下是健康生活的一些例子：

- 多吃水果和蔬菜。

- 少吃牛羊肉。

- 每天至少喝 2 升水。

- 不要吃垃圾食品。

- 早点起床。

- 保证充足的睡眠。

- 每周至少运动 3 次。

照顾好你的身体，你就会健康、长寿。有一个健康规律的生活，你的自尊就能够自动提升。

运动是强大的情绪提升器

至少每隔一天运动一次，好处是数不胜数的：

- *增强自尊，减轻压力和焦虑。*
- *情绪提升，工作表现也会变好。*
- *睡眠质量改善。*
- *感觉更好，精力充沛。*
- *体重变轻。*
- *健康状况改善：更不容易生病。*

通过运动，你的免疫力增强，患糖尿病、骨质疏松、心力衰竭、高胆固醇甚至癌症的可能性也会大大减少。

跑步之后，你的大脑最容易产生新的神经通路。

你的记忆力提高了，这意味着你能更好地记住学过的内容。你变得更有创造力。

关于运动的好处，最令人难以置信的是杜克大学医学院的迈克尔·白贝艾克的研究。他找了 156 名重度抑郁症患者，这些人的身体状况都非常糟糕，表现出失眠、饮食失调、缺乏行动欲望、情绪低落等各种症状，其中很多人有自杀的想法或者倾向。白贝艾克将他们带到实验室，并随机分成了三组。

第一组是锻炼组,进行了3次30分钟中等难度的有氧运动(慢跑、游泳、竞走);第二组接受药物治疗(服用抗抑郁药左洛复);第三组是药物治疗和锻炼相结合。四个月后,白贝艾克发现了一些惊人的结果:60%的人不再出现抑郁症的症状,情况有所好转。各组的幸福感都有所提升,这说明锻炼和抗抑郁药同样有效!在服药的情况下,一般要花大约十到十四天来克服抑郁症;而对于仅仅锻炼的一组,他们花了差不多一个月的时间。但一个月之后,两组没有任何差别。很神奇吧?但他还有更多的发现:

实验结束六个月后,当参与者不再服用药物或不再锻炼时,他们对复发率进行了调查。在情况好转的60%的参与者中,服药组的复发率为38%,服药+锻炼组为31%,而锻炼组仅为9%。

这说明,运动是一种非常强大且持久的情绪提升器。我并不是说不再需要药物治疗,而是指我们应该首先想想,是否有足够的运动是不是造成这种经历的根本原因。

有人甚至说,运动就像服用抗抑郁药一样有效!

如果你现在还没被说服,希望这个能说服你:

经常运动的人,性欲都能增强,性生活会更加美好。

在开始你的锻炼计划之前,请记住:恢复非常重要,运动越多不一定越好。有趣的是,过度训练和训练不足的症状十分相似。另外,不要强迫自己锻炼,做一些自己喜欢的运动,比如游泳。即使每天坚持步行一小时,身体也能有很大的变化。

放慢生活节奏，给身体充电

现代的快节奏生活充满了压力，所以，放慢生活节奏、休息一下显得更加重要。请适时休息吧！如果压力大了，就好好休息一段时间。亲近大自然可以给我们的身体充电！你可以从每周安排一些放松的时间开始。在周末完全远离网络、电视和电子游戏，马上开始吧！

适时休息，主动亲近大自然吧！你不一定要参加一次长途旅行，只要有机会，你可以在树林里、在沙滩上或在公园中散步，然后细心观察自己的感受。或者可以躺在公园的长凳或草地上，凝视蔚蓝的天空。你还记得自己最近一次光脚走在草地或沙滩上是什么时候吗？

最新的研究发现，多出去走走可以改善你的心情，拓宽你的格局思维，提高记忆力。但它的好处还不止这些。一项研究发现，人们在大自然中要比在城市里快乐得多。

你应该留出更多的时间与朋友和家人在一起。没有与朋友保持联系，以及在工作上花费太多精力，是人临终前五大遗憾中的两个。科学发现，那些非常快乐的人有一个共同点，那就是他们的人际关系都处理得很好，而这恰恰是不快乐的人所缺乏的。在与家人、朋友共处的时光里，我们的幸福感会倍增。

　　把空闲时间用来发展自己的兴趣爱好、参加富有挑战性的活动、与家人和朋友在一起、读书或做公益活动。与大多数人的想法相反，抽出时间做有趣的事情，工作效率不仅不会降低，反而还会提高。

多陪伴家人，提升幸福感

不要因为工作而忽略了你的家人。也许你不信，但可以看看这条报道：后悔把太多时间花在办公室而没有好好陪伴家人，是人们临终前最遗憾的事情之一。另外，人际关系的好坏也是预测你未来是否幸福的首要因素。

你是那些花太多时间工作而没有时间和家人在一起的领导和高管吗？你是不是正在为自己辩解，觉得这么做都是为了家人？

你不觉得这有点荒唐吗？你为了家人才选择花更多时间在工作上，却没有时间陪伴家人？那你什么时候才会和家人在一起？等你退休的时候吗？但那时你的家人也许已经不想和你在一起了……

现在就开始为陪伴你的家人腾出时间吧！只要你想，就一定能腾出时间。这些都是关于优先事项的问题，也与你的价值观有关。在你的生活中，家人是最重要的。如果你认为家人没那么重要，那就很难挤出时间。尽自己最大的努力去陪伴家人。和家人在一起，就要全身心投入，暂时忘掉工作，这样对自己和家人都好。如果你没有太多时间陪家人，那就在有限的时间里高质量地陪伴家人。一个小时的高质量陪伴要比你心不在焉、只想着工作

冥想的力量

冥想已经成为潮流。也许你已经体验过冥想了，如果没有，我强烈推荐你试试。它比你想象的要简单，所以你基本上不会做错什么。冥想的方式有很多种，如瑜伽冥想、专注呼吸冥想、祈祷冥想、坐禅冥想、太极等。但不管是哪种冥想，都有一些共同点：都专注一件事，可以是动作、姿势、呼吸、蜡烛的火焰、深呼吸等，但前提是只专注于这一件事。冥想可以重塑你的大脑，使你更快乐；提升你的专注力和洞察力；能让你在紧张的一天过后，还能保持清醒的头脑；减轻焦虑、愤怒、不安全感，甚至抑郁症。

想要减轻压力、让信息过载的大脑安静下来，冥想就是一种简单而有效的方法。

还有研究指出，冥想可以降低血压，减少大脑对疼痛的感应。每天只要花 15~20 分钟静坐，我们就能感受到冥想的威力。冥想可以给我们的身体充电，如果每天练习两次冥想，效果就更佳了！

你打算什么时候养成每天冥想的习惯？你还在等什么？一旦你养成了每天冥想 20 分钟的习惯，它就会对你的身心健康产生很多有益的影响，你会变得更快乐，自尊会受到积极的影响。试试看，找到最适合自己的方法。

练习自我肯定，给潜意识"编程"

提高自尊的一个非常有效的方法是自我肯定。多做自我肯定的练习可以帮助我们改变自己的人生信念和自我信念，进而重组潜意识。如果你很自卑，那么这主要是你的家人、朋友、老师、社会、媒体甚至你自己在童年时有意识或无意识"编程"的结果。

当你每天不断重复积极的话语时，你就正在说服你的潜意识相信它们。一旦你的潜意识被说服，你就会开始积极的行动。你开始相信自己是个高自尊的人，最终也成了这样的人。没错，就是这么简单，不过你要多加练习。自我肯定可以帮你发展自己的心态、思想和信念，让自尊上升到更高的层次。我强烈建议你写一些自我肯定的话，每天大声朗读多次。

重要的是，现在就积极地读出来，这样潜意识就无法区分这些话语到底是真的还是在想象中的。自我肯定的对象一定要是"我"，一定要积极、具体，能够调动情绪，要使用现在时！不妨参考以下话语：

- 我值得获得快乐和成功。
- 我聪明能干。
- 每天，在各个方面，我都感觉越来越好。

- 我喜欢现在的自己。

- 我会跟进我说的每句话、做的每件事。

你练习得越多，效果就越好。当第一次对自己说"我很高兴我有着健康的自尊"的时候，内心的声音还是会做出否定的判断"不，你没有。你没有权利快乐！"如果我们每天重复 200 次，一个星期之后，我们内心的否定、质疑的声音就会消失！不断重复积极的暗示，然后观察生活中的变化！

然而，某些研究断言，如果我们不能说服内心的质疑声音，自我肯定是有一定的消极作用的。如果自我肯定对你一点也没有效果的话，就请尝试一下其他技巧吧。你可以听听潜意识录音带（它们会直接进入你的潜意识，不给你自我判断的机会），或者反问自己："我为什么会那么快乐？为什么一切都进行得如此顺利？"你有没有注意到，当你问问题时，内心的批评者就会安静下来？你的大脑正在积极地想办法找到问题的答案，而不是进行消极的自我对话。

诺亚·圣约翰曾经写过一本书《为什么我总能心想事就成？》，这本书清晰地传递了反问自己的力量！不妨看看这本书，我相信对你会有很多积极的影响！

观想的力量

每天都有更多科学证据表明，观想确实有用。比如，现在看看自己的手，然后闭上眼睛，想象你的手。科学家通过核磁共振成像，就能看到你大脑的活动，拼凑出你看到的影像。对于你的大脑来说，真实的手和想象中的手之间没有区别。

通过观想，你可以建立自己想要的行为或结果的心理图像。经常这样做，你的大脑会为你提供将图像转化为现实所需的动机、想法和注意力，以将心理图像转化为现实。是的，想象自己有很高的自尊，你就能提高自尊！这不是很好吗？

各种研究都表明，利用观想，运动员增强了运动表现，得到了他们想要的比赛结果；许多成功人士都实现了自己的目标，比如威尔·史密斯、金·凯瑞、奥普拉·温弗里、韦恩·格雷茨基、杰克·尼克劳斯、格雷格·卢加尼斯、阿诺德·施瓦辛格等。

你该怎么做呢？花5分钟时间来观想你的目标、你想要的性格特征或理想的生活。你会看到自己已经实现了目标、自己毫不费力就得到了想要的一切。在观想的过程中，尽可能用到所有的感官和情感，去闻，去听，去感受，去想象你真正想要的东西。你想象得越生动，它对你也就越有帮助。

你甚至还可以做一个"愿景板"，用 A3 纸板就可以。你可以把自己想要的东西、想成为的人、想住的地方的照片贴在上面。这个过程很有趣。

写到这里，我就忍不住想要做一块愿景板了。我会去商店买几本杂志，从杂志上剪下能代表我的愿望的图片。比如，一张梦想中的房子的照片，几张代表财富的美元钞票，演讲时满堂喝彩的景象等。我可能会把愿景板挂在卧室里。在每天进行晨间仪式时，我会用 5 分钟的时间看着愿景板，并对它进行具象化训练；晚上睡觉前再看 5 分钟。

如果你在谷歌上搜索"愿景板"，你会看到 2700 多万个结果。我相信你能从中获得一些灵感。你也可以直接把电脑桌面或屏保壁纸当作愿景板，在上面展示各种照片。

还有，光有愿景板还不够。如果你不去行动，那什么都不会发生。只有行动才能实现预想的目标。

使用"高能量姿势"，改变肢体语言

学会"假装"。如果想要更加自信，你可以假装自己已经很自信，并自信地说话、自信地走路，拥有自信的姿态。这是因为，人的大脑是分不清事实与想象的。利用这个特点，你可以让自己的潜意识相信自己拥有某种能力、具有某种优秀品质等，然后潜意识就会开始指导自己的行为，到最后你就真的变成了想象中的样子！

经常微笑，它会让你感觉更好。因为当你微笑时，你的大脑会接收到一种信号：一切都很好。另外，你周围的人也会感觉很舒服，你的自尊自然也就提升了，因为你会觉得"别人喜欢和我待在一起，我肯定是个不错的人"。

你还记得吗？当你感到悲伤和抑郁时，你通常会看着地板，耷拉着肩膀，采取一个悲伤的人的惯有的姿势，对吧？

但是，只要把肩膀挺直，直视别人的眼睛，就能提高你的幸福感和自信心。你的肢体语言实际上影响着你是谁。

艾米·卡迪和达纳·卡维研究了肢体语言的影响，结果令人难以置信。他们发现，保持 2 分钟的"高能量姿势"可以使人体内的睾酮素含量提高 20%（增强自信），皮质醇含量下降 25%

（减轻压力）。

试试吧。"高能量姿势"在参加重要的演讲、会议、面试或比赛之前，的确很有用。就像神奇女侠那样，双手放在臀部，两脚分开；或者向后靠在椅背上，展开手臂。这个姿势持续至少2分钟……看看会发生什么!

如果想了解更多内容，建议你看看艾米·卡迪精彩的 TED 演讲"肢体语言塑造你自己"。

关掉电视，远离负面情绪

想要提高自尊吗？那就关掉电视吧。我没有开玩笑，这是绝对有好处的！因为电视是吸走你能量的罪魁祸首之一。最糟糕的是，电视媒体总是向你传播负面的信息。如果经常在电视上看到仇恨、伤亡、不快乐、恐怖主义、腐败和欺诈，那么想要建立健康的自尊就很困难了。这样的世界怎么能让自己保持积极、乐观向上的心态？看完电视后，你是否感到自己精力恢复、精神饱满？

媒体热衷于传播负面信息。实际上它通过放大负面因素，把我们变成了悲观主义者。数十亿人都希望世界和平，每天都有数十亿诚实交易在进行，数以百万计的父母都深爱自己的孩子，而我们看到的却是恐怖主义、欺诈、父母虐待孩子。有这样一条定律：事情在变好之前总会变得更糟。

丹恩·葛拉西奥希在《百万富翁的成功习惯》一书中提到，20世纪50年代，《时代》杂志封面上有90%的标题都是积极的内容。可惜的是，杂志编辑们发现，负面新闻卖得最好，负面标题比正面标题更能引起读者的注意（效果能提升30%），负面标题的平均点击率急速上升，比正面标题高出63%！媒体也是公司，也需要获得利润。所以，杂志编辑们更喜欢发布负面信息。

如今，各种媒体每天都在报道负面新闻。

问题是，如果我们只关注负面的信息，看到的和听到的也都是负面的信息，那我们只会看到越来越多的负面信息。然后我们开始相信，如果我们想成为一名首席执行官，就必须进行欺诈，如果我们想成为政治家，就必须腐败。为什么会这样？因为，我们在新闻媒体中根本就没看到过报道那些靠着正当途径成功的人，而这样的人有好几百万！

另外，长期面对负面的反馈，我们只能听天由命。既然地球都注定要毁灭，那我们为什么还要努力？既然很多人都离婚了，那我们为什么还要谈恋爱？

为什么要让自己沉浸在负面情绪中呢？为什么不改掉看电视的习惯，养成更健康的习惯呢？你可以散散步，多陪陪家人，或者读一本好书。

帮你自己一个忙，关掉电视，找回自尊，在现实世界中享受乐趣吧！

开口说"不"，让人生更轻松

生活中，有些人会试图说服你做一些事情，即便你不想做。有时为了取悦所有人，虽然我们嘴上答应了，但内心却是拒绝的。这样做会伤害我们的自尊，后来往往会感到悲伤甚至愤怒，因为虽然我们有更好的事情要做，可还是屈服了。

学会拒绝，你的生活就能得到很大的改善，你会变得更像你自己。如果你嘴上同意而心里拒绝，那你就会一点点地失去自我，自尊也会受到打击。

遵从自己的内心，不要随便承诺，嘴上答应就代表心里是真的愿意帮忙，而对于不愿意做的事就大声说"不"，这样你会感觉舒服很多。对朋友和家人说"不"，尽管一开始会觉得有些困难，但最终它会给你带来很多好处。

难道其他人不是一直对你说"不"吗？但你还是喜欢他们，不是吗？那你也可以试着拒绝别人，这样能帮助你过滤身边虚假的朋友和道德绑架的人。当你拒绝别人时，那些虚假的朋友和道德绑架的人就会小题大做，但真正的朋友会理解你、支持你，甚至可能会越来越喜欢你，因为你变得更真实了。

对我来说，在职场中学会拒绝更重要！敢于拒绝别人，让我在工作中更轻松，有更多的时间去思考和解决自己的问题。如果你来者不拒，那你就会成为办公室里"最受欢迎"的人。别人总会找你帮他们处理工作上的事情，结果你会越来越累。别人不愿意做的事都会推给你做，别人下班回家了，而你还在加班。

那些最成功的人经常说"不"。你要学会拒绝别人，而不会觉得内疚。对于那些不理解你的人，你可以跟他们解释，你不是针对他们，只是你也有自己的考虑。你可以帮同事的忙，但前提是你有足够的时间并确实决定了要这样做。

拒绝别人很自私吗？或许是吧！但谁是你生命中最重要的人？没错，你才是自己人生中的主角。你必须对自己负责。你要好好的，这样你才能有益于别人。并且从这个角度来看，你只有这样才能为别人做出贡献。或许你一开始可以说"尽量吧"，但你最终还是要做出决定，这样你才能为自己赢得更多的时间。

只要你开始说"不"，你的人生将变得容易很多！

设置边界，让别人改变对待你的方式

记住，别人怎样对待你，是你允许的结果。如果想要改变别人对待自己的方式，那就要提高你的标准并设定界限。

所谓界限，就是禁止别人冒犯自己，比如拿你开愚蠢的玩笑，无礼，对你大喊大叫，迟到，说话时打断你，或者撒谎。向他人清楚地传达你的新界限，并坚持使用下去。

很多人会告诉你，他们再也认不出你了，你已经改变了。这些人都是想要控制你的人。不要理会他们说什么，正是因为他们，你才要首先设定新的界限。

当遇到困扰自己的问题时，要立刻解决，这样你就不用头疼，也不会感叹"早知如此，何必当初"了。要懂得说话的艺术，使用正确的语调，多使用中性词，比如"天空是蓝色的"。

要是别人越界了，那就试试"四步法"：告知、要求、坚持、离开。

假如有人居高临下地对你说话，你就应该立刻告诉他们："我不喜欢你那样说。"或者"我不喜欢你用那样的语气和我说话。"如果他们继续这样，你就应该要求他们停止这样做："请停止这样和我说话。"通常大多数人这时就会停止了，但总有一两个人会继续下去。对于这些人，你必须更严肃一点，坚持说："我坚持你不要这样跟我说话。"但如果还是没有效果的话，那就离开吧。你应平静地走开，并说："我无法忍受这样的你，我觉得这次交流无法再继续下去了。有机会再谈吧！"

守住底线将会大大改善你的生活，你的自尊也会得到很大的提高。

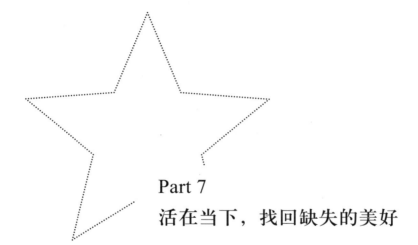

Part 7

活在当下，找回缺失的美好

就在现在，感受你的快乐

快乐不是终点，而是一段旅程。快乐不是外在发生的事情，而是一种习惯，一种心境。快乐其实有很多种。但是，把快乐理解透彻的关键点在于：对于你来说，快乐是什么？

最新研究发现，快乐不是由发生在你身上的事情决定的。快乐是一种选择，但也需要努力，才能学会快乐。快乐的小习惯有感恩、锻炼、冥想、微笑，以及问问自己"这个时候，我怎么做才能让自己更快乐？"

快乐其实很简单，你现在就能快乐！不相信？好，那你闭一会儿眼睛，想象一个能使你真正开心的场景，并在脑海里重复这样的场景。在想象的过程中，体会它的感觉、味道和声音，记住那种激动与快乐的感觉。然后回想一下刚才的感觉吧！你开心吗？快乐并不取决于你有车有房或者拥有其他外在的物质条件！就算你什么都没有，你此时此刻也能开心起来！

科学研究发现，你快不快乐，外在环境只决定 10%。你的家庭、收入、工作、房子对快乐的影响都很小。

50% 的快乐是天生的，由基因决定。是的，有些人天生就比别人快乐。40% 的快乐由有意的活动决定。如果你生来就不太快乐，那就试试感恩、散步、冥想等活动，幸福感就能提升。

不要延迟感受你的快乐，不要等到以后买房、买车、升职加薪了再去感受快乐。快乐就在此时此刻：看看日出，看着孩子微笑，听一首美妙的音乐，这都是快乐。有时，当你站在原地不再追逐快乐时，你可能会发现，快乐就在你的身后。

和自尊一样，你的快乐也完全取决于你自己。尽管快乐程度会受到别人的影响，但最终还是由你自己来决定和选择。

与人为善，用正能量感染他人

你怎样对待别人与你怎样对待自己有非常密切的关系。所以，要与人友善。从长远来看，你将从中受益良多。

情绪是会传染的。科学家发现，如果三个人待在同一个房间里，那个情绪最丰富的人会"感染"另外两个人，不论是积极情绪还是消极情绪。

选择用正能量去感染身边的人，这对你只有好处，因为"凡事都有因果"。

语言的力量其实很强大。多说些积极向上的话，把正能量传给身边的人。科学证明，语言可以影响他人的表现，改变他人的心态，进而改变他们的成就。比如，如果研究人员事先告诉一些老年人，他们的记忆力通常会随着年龄的增长而衰退，那这些老人在记忆测试中的表现就会比其他人更差。

要看到别人的优秀之处。皮格马利翁效应告诉我们，我们期望什么，就会发生什么。当我们对同事、朋友和家人传递积极的期望时，往往会使他们做更多的事，取得更大的成就。相反，如果向他们传递消极的期望，就会使他人自暴自弃，放弃努力。

当你遇到某个人时，试着看到他身上优秀的地方。问问自己

"是什么让他们与众不同？他们有什么天赋？"只要足够专注，你就会发现他们的与众不同之处和天赋。即使遇到不太友善的人，你也会更加宽容："我相信他们还是有很多优点的，今天只不过是遇上倒霉的事罢了……"

要与人友善！试试看，看看它对你有没有帮助。

特别要注意：与人友善并不是让别人愚弄自己，或对一切都表示同意。再善良的人也会说"不"或"够了"。

想要把握机会，你需要有准备

有一句名言："幸运就是当你准备好了的时候，机会来了。"也许没有这么简单，但做好准备肯定不会有任何坏处。学习关于工作、行业、演讲或待办事项的一切知识。你准备好了，又有一定的知识储备，就会更有安全感，自尊也会提高。

我们应该承认，很多事情是我们无法预料的，即使做了最充分的准备，有时也会感到猝不及防。你不需要什么都知道。我以前的大学教授安吉尔·米罗曾告诉我："马克，你不需要总是掌握所有的信息，但你必须知道如何获取信息。"

我们要求知若饥，始终坚持个人与职业发展，让自己成为一个更好的人。在研究成功人士时，研究人员发现，他们具备两个共同的特点，这是其他人所没有的。第一，他们相信自己可以做到；第二，他们想要学习更多的知识，不断地提出问题，不断地加强学习。

保持好奇心，主动学习新知识，成就更好的自己。你变得越聪明，你对公司就越有价值。

多读书，参加研讨会。今天，你可以在两个或四个小时的研讨会中学习管理、领导、时间管理或财务规划的最佳技巧，它们会让你受益一生。

于是，我养成了这样的习惯：每周至少读一本书，每两个月买一个新课程，每年至少报名参加两次研讨会。你打算怎么做？

你无法改变别人

很多时候，只要别人改变他们的行为方式，变得和我们更一致，我们的生活就会变得更好、更轻松，对吗？如果别人的世界观也跟我们一样，生活还能更好。如果真能这样，那就太好了。但这是不可能发生的，因为你无法改变别人。事实就是如此。这也是大多数人际关系走下坡路的一个重要原因。

我们总以为别人会改变，甚至觉得自己可以改变他们，浪费了太多宝贵的时间和精力，到最后却发现，他们并没有改变。别人不会仅仅因为我们想让他们改变而改变，哪怕我们哭泣、不停地抱怨，甚至惩罚他们，他们也不会改变。只有当他们自己想要改变时，他们才会改变。就算我们成功对别人进行了情感勒索，有些人可能会暂时改变，但没过多久就又变回去了。

欲变世界，先变其身。所以，我们唯一能做的就是以身作则。别人往往不会按你所说的做，但却会跟着你做的做。想要改变别人，就要先改变自己：健康饮食，锻炼身体，更有礼貌，做一个好伴侣、好领导，养成守时的习惯，保持积极乐观的心态。

你无法改变别人，但可以改变对别人的态度。与其说服别人做你想让他们做的事，不如改变你对他们和他们做事方式的态度更快、更实际。相信我，一旦你接受了这种观念，你就能解决生活中的很多小问题。

请记住：

1. 改变自己。

2. 改变你对想要改变的人的态度。

你远比想象中的自己更强大

在一个充满问题、战争、丑闻、腐败、恐怖主义、气候变化等问题的世界里，你能做什么来改变现状？你能想到些什么？是的，你可以做些事情来改变。你比自己想象的更强大。

我们经常会低估自己改变世界的能力。每个人都可以改变世界。因为所有的改变都是从一个人的思想开始的，然后以指数级不断地扩大。

我们之所以低估了自己改变世界的能力，是因为低估了指数函数的增长。想想看，社交网络就有指数本质。六度分隔理论认为，最多通过六个人，一个人就能够与世界上任何一个陌生个体建立联系。

你远比想象中的强大。虽然在这个世界上有很多事情是你无法控制的，但也有一些事情是你可以控制的。你无法阻止环境污染，但你可以用自己的方式为环保出一份力，如出门步行、骑自行车或乘坐公共交通工具；进行垃圾分类；选择非加工的健康食物。要是对某家公司不满，你可以选择不买他们的产品。是的，你一个人的力量是有限的，但如果一千个人都做同样的事情，肯定能引起别人的关注。

在这个困难的时期，你可以对遇到的每个人都有礼貌，不论他们的肤色或宗教信仰是怎样的；你可以积极地影响周围 4 平方米内的人。如果每个人都这样做，会发生什么？

你可以每天对见到的 5 个人微笑。微笑是会传染的。如果这 5 个人又对另外 5 个人微笑，那么不久之后，全世界的人都会微笑。你也可以赞美别人或让别人感觉舒服，不久之后，全世界的人都能受到赞美、感到舒服。我们每时每刻都在用自己的行动和情绪影响着别人，唯一的问题是，我们应该朝着哪个方向去努力？

相信自己的力量，这对提高你的自尊大有裨益。

宽恕别人，放过自己

做一个宽容的人，不仅有利于自尊的发展，而且对你通往成功和幸福的道路也是至关重要的。

你肯定会疑惑，为什么要原谅一个伤害过你的人？这是因为，原谅别人并不是对与错的问题，而是你的身体健康和停止浪费精力的问题——心怀怨恨或愤怒，甚至一遍又一遍地想着之前的怨恨和愤怒是有害的，它会消耗你的精力，损害你的健康，还会影响你的人际关系。所以，帮你自己一个忙，学会原谅他人吧。你可能会很难接受，但这么做不是为了别人，而是为了放过自己。学会放下，原谅别人，你能睡得更好，更能享受当下的生活，肩头的重担也就放下来了。

有人说，生气和怨恨就好比自己服了毒药，却希望别人死于毒药。换句话说，这种疯狂的行为简直就是自我伤害。怨恨别人，对于那些伤害你的人，并不能带来什么伤害，最终伤害的只有你自己。负面情绪会对你的身体和性格产生不利的影响，更糟糕的是，将注意力停留在过去的伤口上，可能会给你的生活带来更多不愉快的经历。

但有一点是清楚的：宽恕别人并不愚蠢，也并不意味着别人可以想怎么对你就怎么对你。明确你的底线，告诉别人你能接受什么，不能忍受什么，或者直接告诉他们不要做什么事情。把伤害你的人从你的生活剔除，但不要对他们怀恨在心。原谅他们，忘记他们，继续过好自己的生活。从每段经历中学习，去拥抱全新的更好的体验。

此外，尽管这样做你可能会有点不舒服——打电话给你曾经冤枉或伤害过的人，并诚实地道歉，或者可以至少给他们写一封信。

原谅自己，一切美好都会如期而至

想要拥有健康的自尊，原谅自己可能就是其中的一条捷径。当你原谅了自己之后，你的自尊就会上升到另一个水平。原谅自己，就是善待自己，放过别人，更是放过自己。（不要把它和自怜混为一谈，自怜是有害的。）

自卑的根源之一，就是我们会因为曾经做过某些事情或没能做到某些事情感到内疚。因此，原谅自己是非常必要的。如果你学会了原谅自己，就能提升自尊，也更有能力去原谅别人。

原谅自己，接受自己的错误，保证不再犯，原谅自己的缺点（你只是个人，不必完美），发挥自己的优势。宽恕自己的错误，尽量不要再犯。

要想拥有健康的自尊，你必须成为自己最好的朋友，接纳自己，先原谅自己。一旦你学会了原谅自己，一切的美好都会随之而来。

当你开始原谅自己时，你将发生不可思议的变化！可能你身体的疾病会消失；可能所有的负能量会被清除，你开始变得富足了。原谅自己，观察一下你的生活有什么变化。

害怕被拒绝，可能只是你自导自演的一出戏

害怕被拒绝是我们最深切的恐惧之一。因为害怕被拒绝，我们很多事情都不敢去尝试：从来不邀请别人，不和在火车上对我们微笑的陌生人聊天，不开口谈生意，找工作也不发简历。

不过，你可以学会应对拒绝，也必须学会这个技巧。因为被拒绝是不可避免的，而且会不时地发生。这没关系。想象一下，如果你永远都不会被拒绝，那生活会有多么无聊……

自尊心越强，对拒绝的恐惧就越低；对拒绝的恐惧越低，自尊心就越强。你要注意，害怕被拒绝可能只是你自导自演的一出戏，最重要的，是不要把拒绝当成别人在针对自己，因为拒绝并不是在否定你作为一个人的内在价值。

有趣的是，虽然你被拒绝了，但实际上什么都没有发生。试想：如果你邀请某人约会，但对方不愿意去。在这种情况下，如果你没有发出邀请的话，对方也不会和你约会。所以，被拒绝和没有发出邀请的结果是一样的。你努力想做成一笔生意，而客户不想购买，实际什么都没有发生；你申请了一份工作，而没能得到这份工作，其实什么都没变。被拒绝并不是问题的根源，问题的根源在于，当你被拒绝之后，你内心的声音开始作怪："我就

知道我做不到。我就知道我不够好！爸爸是对的，我的一生注定一事无成……"

被拒绝并不可怕，重要的是被拒绝之后，我们还能继续努力！在过去的两年里，我被拒绝的次数多到数不清。老实说，我觉得很痛苦。但我没有放弃，靠着耐心和毅力，最后成功了。我曾被几十家出版商拒稿，而现在我正写着一本最好的书；我曾被几个经纪人拒绝，而现在我有 4 个经纪人；银行最初不肯借钱给我，我回去后做了更充分的准备，结果成功从银行贷了款。

如果想要每天谈成 5 笔生意，就要被拒绝 100 次，你能接受吗？大多数人都不想这么做。这就是一场"数字游戏"，你被拒绝的次数越多，尝试的次数越多，成功的可能性就越大。

你必须做好被拒绝的准备。处理拒绝的秘密在于永不言弃。如果有人拒绝了你，请不要放弃，将注意力转移到下一个人吧。

放下过往，专注当下和未来

放下过去、从过去的经历中学习，对培养健康的自尊至关重要。从过去中学习，并不是对以前做过的事情感到愧疚，或困在过去的境遇中，这其实都是对你现在和未来时间的浪费。如果你活在过去，就无法享受当下。世界上没有人能够同时活在两个时空里。

不要总是回忆自己的过往。放下过往！它已经结束了。专注于你想要的东西。你无力改变过去，但可以活在当下，因为它会塑造你的未来。

只有放下过去，你才能拥抱生活中的新鲜事物。不要总是想本应该发生或不应该发生的事情，这纯粹是毫无意义的浪费时间！你关注什么，你的生活就会是什么样子。如果你对于过去的失败耿耿于怀，你就会经常感到沮丧、焦虑和困惑，这个代价实在太高了！

我们应该从过去的经验中吸取教训，然后轻装上阵！忘掉过去，重新出发，这就是我们现在需要做的，不是吗？

专注于自己对未来的追求，而不是对过去的失败耿耿于怀。放开过去，你才能重获自由，才能不断吸纳新的东西！扔掉旧的行李，忘掉无意义的事情，放开以前的关系吧！为已经做了的事情折磨自己，感到内疚、羞愧，甚至不值得，这纯粹是在浪费宝贵的时间和精力。这些消极的情绪只会阻止你享受当下。迪帕克·乔普拉说得很对："我会利用记忆，但我绝对不允许记忆操控我的人生。"结束过去才能释放自我，才能获得真正的自由，才能享受当下！

从现在开始，我们应该主动与过去划清界限，过去即终结，不要给自己留下未完待续的关系、工作或其他事务。请原谅自己，以积极的态度继续前进吧！

嫉妒带来的负面情绪，该怎样克服

我们来谈一种非常有害的情绪——嫉妒。高自尊的人不会有这种情绪，或者至少不会经常有这种情绪，因为这种情绪毫无用处。首先，嫉妒别人的生活、金钱、外表或朋友，对你没有什么好处。嫉妒别人有钱，你并不会变得有钱；嫉妒别人的外表，你也不会变得好看。

如果你长期沉溺在嫉妒和嫉妒带来的负面情绪中，你会感到痛苦，甚至可能遭受更多的痛苦。嫉妒会助长不满和苦恼的情绪，还会增加体内的压力荷尔蒙。时间久了，嫉妒会带来怨恨和痛苦，还会导致我们做一些平时不会做的事情。在最坏的情况下，我们可能会遇到一连串的烦心事，最终陷入抑郁之中，难以自拔。在心理层面，低自尊和缺乏安全感的人更容易产生嫉妒的情绪。

所以，怎样才能克服嫉妒的情绪？怎样能够积极地利用嫉妒？比如，把它当作一种动力和灵感？在很长的一段时间里，我一直都在嫉妒别人。你可能不相信，但这是真的。后来，我改变了对嫉妒的理解，便成功摆脱了嫉妒的情绪。我是这样做的：

当觉察到自己有嫉妒的情绪时，你要让自己明白，这是在浪费时间，不妨换个角度看，用积极的想法代替这种情绪，问问自己："为什么我会有这种感觉？"比如，看到同事升职加薪时，你非常嫉妒。与其苦恼，不如问问自己："我怎样才能升职？"我们或多或少都会有嫉妒、羡慕的心理，其实这都很正常，不过是人之常情。但请记住，嫉妒感和嫉妒行为完全是两码事。嫉妒感是人与生俱来的一种心理本能，并不是什么坏事；问题在于你的行为和表现。

学会爱自己。当我看到有人说嫉妒是低自尊、不自信的人的一种特征时，我的嫉妒心理便开始慢慢减少了。因此，每当觉察到嫉妒时，我都提醒自己：这是自尊心低下的表现，我要努力改善自己的嫉妒心理。你越爱自己，你就越对自己感到舒服，自尊心就越强，也就越不容易嫉妒别人。停止比较，取而代之的是练习感恩。常想想你自己的幸福，不必羡慕和仰望别人的幸福。只要做感恩的练习，坚持三到四个星期，它可能就会"治好"嫉妒的毛病。

和自信、懂得感恩的人在一起。远离那些"有毒"的人，因为他们只会传播坏情绪：经常在背后说别人的坏话，让嫉妒的情绪蔓延。开始庆祝别人的幸运和成功吧。无论是你的同事得到了晋升，还是你最好的朋友有了新伴侣，或者任何时候有人得到了你想要的东西……都要真心为他们感到高兴。朋友或同事的成功并不代表你就是个失败者。

专注当下，享受当下

享受当下是十分重要的！那些忽略当下的人，他们从不曾专注于此时此刻，没有把心思放在眼前的美好，任由日子悄无声息地离去。

工作的时候盼望周末，周末又苦想周一的任务，吃前菜的时候渴望甜品，吃甜品的时候又渴望前菜。大部分人都是如此折腾自己，因此他们从不曾享受到当下的快乐！

如果经常这样生活，我们就不能享受当下，其实人生只有当下，也只有当下能带给我们实际的享受或苦恼！你不妨看看埃克哈特·托利的书《当下的力量》。

试想一下：我们当下的问题是什么？

不，我们不知道当下有什么问题。当你想到过去或未来时，我们会有问题。当我们再次开始思考和担心的时候，在一分钟内可能会有一个问题，但在当下，我们没有任何问题。

我们总是因为过去的行为而恐惧吗？我们总是因为将来的未知而恐惧吗？大部分人总是担心过去的事情，或者总是担心将来，事实证明，我们的担心在大多数时候是多余的，因为担心的那些事情很少发生！因此，大部分人总是错过了当下！正如比尔·盖茨所说："过去是幽灵，将来是空想。现在才是我们真正能够掌握和拥有的！"所以，让我们专注当下，享受当下的旅程吧！

你不是过去的自己

不论你过去发生过什么，你都不再是过去的那个自己了。

不要管别人（包括你自己）怎么说，过去的习惯、过去的失败、别人对待你的方式都无法定义你是谁。

此时此刻，你认为自己是谁，你就是谁。

此时此刻，你就是你正在做的事情。

不管过去发生了什么，你的未来还是一张白纸。此时此刻，你就可以决定自己的生活方式以及前进的方向。你会选择哪种生活方式？一种比较容易：觉得自己是个受害者，什么事情都怪到别人头上；另一种则是一条少有人走的路：保持乐观向上的心态，掌握自己的人生，把生活中发生的每件事都做到最好。

重塑你自己。每一天都是全新的开始。最重要的是，从现在起，每时每刻，你都可以选择自己的身份。你想成为什么样的人？想做什么事情？这些都由你来决定。

你就是你自己人生的编剧、导演和主角。如果不喜欢故事情节，那就改变自己的剧本！你的决定和态度决定了你的人生。

如果你愿意跟随本书的建议，形成新的习惯，练习本书提供的一些方法，你的人生就会慢慢改变。当然，这个过程并不容易，成功有赖于你强大的自制力、耐力和不懈的坚持。请相信，结果必将如期而至。

不沉涵于过去，不牵挂于未来

有人说："如果一个问题能够被解决，如果一个情况你可以有所行动，那你自然没有必要去担心；如果它注定解决不了，那你担心也没有什么用，所有的担心和焦虑对你都毫无帮助。"仔细想想，这段话道出了担心的本质。

我们很多人总是处于担忧的状态。要么担忧过去发生的无法解决的事情，要么忧虑未来不知道是否会发生的事情，甚至还担心那些自己无法控制的事情，比如宏观经济环境、战争、政局。

虽然我不知道你的情况，但在我的生活中，大部分担忧的事情从来都没有发生过，那些发生的事情也远没有我想象的那么糟糕。而真正糟糕的事情——亲人的离世、意外事故、生病——总是意想不到的，但这些事情我之前从来没有担心过。

无论你有多么担心，你都无法改变过去，也无法改变未来。担心不会让事情变得更好，有时还会使事情变得更糟。最糟糕的是，当你在担心的时候，你就失去了最珍贵的当下。

现在让我们做个小练习：拿起笔和纸，列一个"忧虑清单"，写下你担心的所有事情。你的清单是不是很长？

先划掉那些与过去相关的担忧。

接下来划掉那些与未来相关的担忧。

然后划掉那些你不能控制的担忧。

最后划掉那些你根本不在意的与别人看法相关的担忧。

好了，现在再看看你的清单。剩下的都是需要你关注的事情或任务。你的长清单还剩下几件事情？以我的经验，应该不超过10%了。

这也意味着划掉的90%的事情都是你做不到的事情。这些事情只会占用你的大脑空间，耗尽你的精力，不妨把这些事情放下。

如果放下了这些90%的事情，你感觉怎么样？

善待和尊重你生命中遇到的每一个人

你在人生旅途中遇到的每个人都有自己的故事，也许他们在经历了一些事情后，成长了起来，改变了自己。虽然他们第一眼看上去可能平平无奇，但他们的故事可能和你的故事一样复杂有趣，他们每个人也和你一样了不起。

你至少可以给他们一次机会，让他们成为你生命的一部分，与他们相处，但不要随意评判或远离他们。每个人的身上都有值得你学习的地方。

在我的生命中有这么一群人，当我第一眼看到他们时，我在想"这个人好奇怪"或者"那个人看起来不是很聪明"，可是他们后来却成了我最好的朋友。如果当初相信了自己肤浅的判断，我就不会交到这些好朋友了。当我回顾自己的一生时，我发现，我人生中经历过的最棒的事情都源于我给了别人一次机会，即使当初的第一印象并不建议我这么做。

当然，很多时候我对别人的第一印象都是正面的，可是最后我都很失望。给别人一次机会，可能会给我带来很棒的经历，我愿意为此付出代价。如果别人把握住了机会，那就太好了！如果别人辜负了我的期望，那就是他们的问题了。

善待和尊重身边的每一个人。那些对你粗暴无礼的人可能最需要被善待，他们对你无礼，那也只是他们的事情，与你无关。只要你善待每个人，对每个人都保持尊重和耐心，别人就会感受到你的善意，也会对你投以善意，慢慢地，你就能吸引更多不错的人与你成为好朋友。

教你一个诀窍：当别人对你无礼时，你仍然礼貌相待，他们越是无礼，你就越礼貌待人。这种方法在 99% 的情况下都有用，粗鲁无礼的人不习惯别人的善意，因为别人通常都会对他们做出防御性的愤怒反应。

与人交往要心存善意，这是值得的，善待他人能帮你增强自尊。当你善待别人时，你就会想："我对每个人都很友善，那我肯定是个不错的人。"然后，由于"自我认知即命运"，你的自尊自然就提升了。

《出众，从改变习惯开始》节选
——管理时间：在重要的时间做重要的事

一天中最重要的时刻在于起床后的 30 分钟以及睡觉前的 30 分钟。在这一个小时，你的潜意识的接受能力非常强大，因此，把关键的事情安排在这一时刻非常重要！

早晨 30 分钟的安排决定着我们的一天！相信我们都有过这样的经历：没有好好利用早晨的 30 分钟，于是时间越往后，我们的状态变得越来越差！相信我们也有过相反的经历，那就是：我们一起床就感觉精神饱满，我们感觉时间和事务完全在自己的掌控之中，于是，我们一天都过得非常顺利！这就是我强调要好好利用起床时间的重要性！绝大部分人从起床的第一分钟就开始忙乱不堪，这就是绝大部分人开启新一天的方式！因此，现代人容易感到紧张压抑就不足为奇了。

为什么不提早半个小时起床呢？那样你就可以有足够的时间吃早餐了。为什么我们偏偏要选择狼吞虎咽呢？为什么我们要选择在上班路上吃早餐呢？为什么不尝试早起一点，留 10~15 分钟给自己冥想呢？这是一个非常好的早晨仪式呀！当逐渐养成这个习惯，你的生活将有什么改变，你知道吗？以下这些活动都可以作为早晨仪式，大家不妨试试！

积极思考：今天一定很好！

花 5 分钟把感恩的东西记下来！

冥想 15 分钟！

想象今天将过得很顺利！

观看日出！

跑步或者散步！

写日记！

每天结束前的 30 分钟也是非常重要的！睡觉前 30 分钟所做的事情会自然地留在我们的潜意识里，不会随睡眠而消失。因此，不妨尝试一下以下活动：

写日记。

回顾一下今天所做的事情。你今天做了什么有意义的事情？什么事情是可以做得更好的？

计划明天的事情。明天有什么最重要的事情亟待解决？

把明天的待办事项罗列出来。

想象一下最令自己满意的日子。

阅读一些具有启发性的博客、文章或者书籍。

听听具有启发性的音乐。

我强烈反对读者在睡觉前观看那些令人不安的新闻或者电

影。因为当我们进入睡眠状态后，很容易受到外部信息的干扰。因此，睡觉前我们最好收听或者观看一些积极的信息。睡觉前计划第二天的事情、把第二天的待办事项写下来，对我们来说是大有裨益的，帮助我们节省时间是其优点之一。因为要做的事情已经扎根在潜意识里，所以第二天的工作效率将会大大提高；因为已经知道事情的重要性和紧急性，所以第二天就能专注于关键的事务上！

后　记

这个世界上有数百万人都在受低自尊的困扰，你并不孤单。

我希望这本书能让你明白，你已经够好了！

知道自己可以做到，知道自己擅长什么，知道自己有能力去改变。

像爱邻居和朋友那样爱你自己，要好好对待自己。

挑些书中最适合你的练习，并经常重复练习。

如果你拥有高度的自尊和自信，就能轻松应对各种局面，更好地处理突发事件。不仅如此，你的人际关系也会得到改善，因为你学会了更好地沟通，而且明白有时没必要非要争个是非对错，相安无事是最好的。

如果你提高了自己的自尊，你会更成功，会有更和谐的人际关系，你甚至会更健康。

希望现在你能从别人的批评和判断中解脱出来，能更好地表达自己的想法、感受、价值观和观点。

你现在已经知道，你的自我价值不是来自外界的认可，而是来自你的内心。这是你自己能够掌控的事情。随着你不再自我怀疑和自我折磨，你可以专注于自己的优势，并将在生活的各个领域体验到更多的幸福和乐趣。

能陪你踏上这段旅程是我的荣幸。现在就去不断地反复练习，去提高你的自尊！

祝你在提升自尊的道路上开心！

期待收到你的来信，让我也知道你提高自尊的好消息，我的邮箱地址是 marc@marcreklau.com。

我需要你的帮助。

非常感谢你下载我的书！

期待你的评论和反馈，非常感谢！

你的意见和建议对我很重要，能让我写出更好的书。

如果你喜欢这本书，那就在亚马逊上留下友好真诚的评论吧，方便别人更快地找到它。

非常感谢！

马克